书山有路勤为径，优质资源伴你行
注册世纪波学院会员，享精品图书增值服务

大海捞针

The Haystack Syndrome
Sifting Information Out of The Data Ocean

［以］艾利·高德拉特 （Eliyahu M. Goldratt） 著

罗镇坤 译

電子工業出版社
Publishing House of Electronics Industry
北京·**BEIJING**

673.70

Eliyahu M. Goldratt: The Haystack Syndrome: Sifting Information Out of The Data Ocean

Copyright © 1990 Eliyahu M. Goldratt

© 2013 Goldratt 1 Ltd

In memory of the author, the late Eliyahu M. Goldratt. Words cannot describe our esteem and respect for his lifeworks.

怀念已逝去的作者艾利·高德拉特，我们对他毕生著作及贡献的崇敬，非笔墨所能形容。

ISBN: 0-88427-184-6

Simplified Chinese edition published by Publishing House of Electronics Industry by arrangement with Uniteam Hong Kong Limited, Hong Kong, China. Translated by William C. K. Law. All rights reserved.

Printed in the People's Republic of China.

全球中文版出版权拥有者：力天香港有限公司（地址：香港九龙湾宏开道16号德福大厦1208室　电话：852-26954929　邮箱：wlaw@tocnet.com）

本书中文简体字版由力天香港有限公司授权电子工业出版社独家出版发行。未经书面许可，不得以任何方式抄袭、复制或节录本书中的任何内容。

版权贸易合同登记号　图字：01-2021-4689

图书在版编目（CIP）数据

大海捞针／（以）艾利·高德拉特（Eliyahu M. Goldratt）著；罗镇坤译. —北京：电子工业出版社，2022.3

书名原文：The Haystack Syndrome: Sifting Information Out of The Data Ocean

ISBN 978-7-121-42929-3

Ⅰ.①大… Ⅱ.①艾… ②罗… Ⅲ.①数据管理 Ⅳ.①TP274

中国版本图书馆CIP数据核字（2022）第024503号

责任编辑：袁桂春

印　　刷：天津嘉恒印务有限公司

装　　订：天津嘉恒印务有限公司

出版发行：电子工业出版社

　　　　　北京市海淀区万寿路173信箱　　邮编100036

开　　本：720×1000　 1/16　 印张：15.25　 字数：206千字

版　　次：2022年3月第1版

印　　次：2022年4月第2次印刷

定　　价：98.00元

凡所购买电子工业出版社图书有缺损问题，请向购买书店调换。若书店售缺，请与本社发行部联系，联系及邮购电话：（010）88254888，88258888。

质量投诉请发邮件至zlts@phei.com.cn，盗版侵权举报请发邮件至dbqq@phei.com.cn。

本书咨询联系方式：（010）88254199，sjb@phei.com.cn。

作者简介

艾利·高德拉特（Eliyahu M. Goldratt）

高德拉特博士是以色列物理学家、企管大师、哲学家、教育家、高德拉特全球团队的创立人。他曾被《财富》（*Fortune*）杂志称为"工业界大师"，《商业周刊》（*Business Week*）形容他为天才。他发明的TOC制约法（Theory of Constraints）为无数大小企业带来营运业绩上的大幅改善，包括国际商业机器（IBM）、通用汽车（GM）、宝洁（Procter & Gamble）、AT&T、飞利浦（Philips）、ABB、波音（Boeing）等。

高德拉特博士被业界尊称为"手刃圣牛的武士"（Slayer of Sacred Cows），勇于挑战企业管理的旧思维，打破"金科玉律"，以崭新的角度看问题。

高德拉特博士所著的第一本书《目标》（*The Goal*）被众多企业视为至宝。《目标》大胆地借用小说的手法，以一家工厂作为背景，说明如何以近乎常识的逻辑推演，解决复杂的管理问题，结果一炮而红。《目标》迄今已被翻译成32种文字，全球热卖突破700万册，被英国《经济学人》杂志誉为最成功的一本企管小说。经高德拉特博士多年的努力，TOC现已涵盖的领域包括：生产、供应链及配销、项目管理、财务及衡量、营销、销售、团队管理、企业战略战术。

他所创立的高德拉特全球团队在各个国家和地区推动"可行愿景"（Viable Vision）项目，将TOC在企业界的全面实践提升至新的高度，"可行愿景"的战略战术可以大幅提升企业的盈利及所有部门的协同互动能力。

高德拉特博士创立了非营利机构TOCFE（TOC for Education），将TOC带入教育界，让儿童及青少年学习TOC，提高思维能力。

高德拉特博士的著作，以出版的先后为序列示如下，从中可见他发明的TOC涵盖面的广度。

- 《目标》本书阐述了TOC在生产中的运用。故事以工厂为背景，描述TOC如何带领一家工厂从危机四伏到逐步化险为夷，进而否极泰来的历程，讲述了许多突破性的管理新思维，引导企业持续改善经营业绩。

- *The Race* 本书以大量图解剖视了《目标》一书所引发的生产管理突破性新概念，著名的"鼓—缓冲—绳子"（Drum-Buffer-Rope）生产管理方法在书中也有详细论述。

- 《大海捞针》（*The Haystack Syndrome*）本书从电脑资讯系统的角度看TOC生产，如何找寻及建立真正对企业有用的资料，即推行TOC时所需要的极重要资料。分析TOC生产排程、衡量、"成本世界"和"有效产出世界"等，对著名的TOC练习"P&Q"小测验也有深入分析。

- *Theory of Constraints* 本书解释了如何寻找瓶颈和管理瓶颈，著名的TOC聚焦于五步骤如何令企业持续改善，以及TOC思维方法的要义。

- 《目标Ⅱ——绝不是靠运气》（*It's Not Luck*）本书是《目标》的续篇，讲述了营销、销售、配销及TOC思维方法。书中三家企业的故事，都是高德拉特博士的亲身经历，运用TOC达致突破性的解决方案。作者强调，企业的成败并不归结于运气。

- 《关键链》（*Critical Chain*）本书讲述了如何运用TOC解决项目管理的三大难题（延误、超支、交货内容不符要求），所描述的"关键链"项目管理方式比传统的"关键路线"（Critical Path）更有效，是项目管理技术上的一大突破。小说描述了一群来自不同行业的管理人员怎样在项目中一步步地寻求新出路，趣味性很强，实用性也很强。

- 《仍然不足够》（*Necessary But Not Sufficient*）本书讲述了高科技的有效运用，如电子商务、ERP、MRP等，这些高新科技都被认为能解决企业的大难题，但都十分复杂，投入了大量金钱和时间，却往往收效甚微。作者指出，高新资讯科技对企业来说是需要的，但仍然不足够，还需要有一些极重要的因素配合，才能令科技真正提高企业的运作效益。本书内容的时代感很强。

- *Production the TOC way* 本书附有光盘，内载5个著名的"TOC生产"模拟器310、312、350、360和390，模拟各种形态的工厂如何有效运用TOC达致营运上的大突破。这批模拟器都由高德拉特博士设计，书中有详细的使用说明及逻辑分析，这是学习TOC生产的最生动的方式。

- 《抉择》（*The Choice*）本书风格独特，以高德拉特博士跟他的女儿对话的方式，来揭示TOC的深层次内涵，包括逻辑思维、双赢、冲突的化解、所有系统固有的简单性、如何以科学家的思维为企业的难题找出解决方案、人与人之间的关系等。作者指出，我们是否有完美人生，纯粹是我们自己的决定、自己的抉择。由于本书内容形式为充满智慧的对话，这使本书的可读性很高，可大大提升及扩展读者在TOC轨道上的思维能力。

- 《醒悟》（*Isn't It Obvious?*）业界认为，这本小说比脍炙人口的《目标》更具启发性及震撼力。本书讲述了TOC在供应链上的应用，特别是零售业，也涉及零售和生产的互动，是TOC的一大突破。

译者简介

罗镇坤

罗镇坤是高德拉特学会总裁，负责在中国大陆、香港、澳门、台湾地区推广本书作者高德拉特博士所发明的TOC制约法。

罗镇坤曾在美国、以色列及英国接受严格的TOC高阶培训，获得了"钟纳的钟纳"（Jonah's Jonah）称号。他具有二十多年TOC实战经验，建立了分布于全国的TOC团队，以提供企业界所需的TOC顾问服务，帮助客户实施TOC，显著提升企业的运作及盈利表现。参加过罗镇坤在各地举行的TOC公开及内训课程的学员数以千计，通过网上群组，他跟广大TOC粉丝紧密联系，向大家提供TOC的最新信息。

罗镇坤毕业于美国纽约州立大学，是一位特许工程师（Chartered Engineer），香港工程师学会及英国计算机学会资深会员、欧洲工业工程师学会会员、英国管理服务学会会员、美国电机及电子工程师学会（IEEE）会员、香港管理专业协会会员。

在投身TOC之前，他已有二十多年的管理经验，曾在许多大机构中担任高级管理职位，包括香港国际货柜码头、中华煤气、森那美、中华电力。他曾为各专业及工商团体作TOC专题演讲。

罗镇坤于1995年成立力天香港有限公司，负责在TOC发明人高德拉特博士的授权下制作及出版其著作的中文版。他是TOC系列图书《目标》、《目标Ⅱ——绝不是靠运气》、《关键链》和《仍然不足够》的审校者，《抉择》、《醒悟》和《大海捞针》的译者。

导读

探究深层TOC

高德拉特学会总裁　罗镇坤

"大海捞针"是什么意思？在当今的世界，我们每个人每天都生活在数据的汪洋大海中，一切作息都离不开数据，离不开手机、电脑，乃至承载大数据的云端。在这个大海中，我们想捞什么呢？当然是我们觉得有用的东西——有助于我们解决问题的那些信息，这就是"针"。

"针"以外的，对我们来说，此刻都是无关宏旨的废物而已，而这些废物是海量的，要拨开废物找出那根"针"来，殊为不容易，《大海捞针》这本书基本上就是要告诉你怎样去"捞"。

解　读

《大海捞针》这本书的技术含量甚高，我有必要通过这篇"导读"为你提供多一点背景资料，令阅读较为顺畅、容易，令你获益更大。

本书的目录上出现的名词，乍一看，你可能以为你懂了（在高德拉特大师的其他TOC书中你已接触过这些名词），甚至觉得平平无奇，以为是老生常谈，但其实这里表述的是深层 TOC，因此丰富、透彻得多，其他 TOC 书都没有达到这样的深度，的确是天外有天。

高德拉特大师推动其发明的 TOC 制约法（Theory of Constraints）的以《目标》为首的企管小说系列，不少朋友都已看过，而《大海捞针》别具风格，没有采用小说形式，但趣味性同样浓郁。我读此书时，感觉就好像跟大师同处一家咖啡店的一角，在阵阵的咖啡香气中听他款款深谈，而他也容许我提出我的疑问或建议，我们一起思考、探索、印证从他脑子中逐渐展现出来的 TOC 思绪。对，有对话的感觉，一对一的、苏格拉底式的，完全不似一位导师站在台上向学员们进行严肃的训话，趣味性就在这里。

虽然表面上《大海捞针》以生产为基调，但所涉思路并不局限于生产，（《目标》也是如此，表面上在讲工厂的事，但大家都发觉《目标》所带出的概念远非局限于工厂），因此，千万不要以为工厂中的人才需要读《目标》和《大海捞针》。

高德拉特大师开宗明义，在书的第一部分就抛出数据（data，即大海）与信息（information）这两个词。到底什么是数据呢？这个其实大家都很清楚，我们每天都碰到的大量资料：短信、电邮、微信、发票、订单、收条、股票的最新价格、银行月结单、电视上播放的天气预报、公司所有雇员的资料、原材料的存量、应收账款……这些都是数据，海量的，没有它们，我们根本无法正常工作与生活。

但所有这些数据在特定的时空下都同样有用吗？你曾否在做某项决策时不知道如何在海量的数据中筛选出少量真正有助于你做正确决策的东西？这就是信息，请大家留意书中高德拉特大师给信息下的正式定义，定义的用词很简单，但意义深远。

留意书的第一部分的第 14 章所详述的数据及信息之间的差异及关系，以及其他相关 TOC 名词的定义。请小心，TOC 的专有名词用的往往是很普通的字词，因此乍一看，你很容易误解，不知道原来在 TOC 人眼中这些名词是有完全不同的意思的，所以不得不留神。

TOC 的一个很有趣的特点是，TOC 要求的数据并不多，也往往不要求你花大力气去把那些数据弄得非常精确。

大家可能没发觉，市场上不少软件其实都不是信息系统，充其量只是数据系统而已，对决策流程没有多少帮助。

现今什么都讲电脑化、数字化、智能化，IT 的进展是那么快，令人透不过气来，而这本书的英文版本最早是在 1990 年出版的，当年的 IT 跟今天的 IT 当然不同，但我认为差异主要在硬件方面，例如，运算速度、数据库容量、从数据库获取资料的速度等的确比以前进步多了，软件今昔之间的差异却是另一回事。如果你现在仍然以一直以来的旧思维来设计你的信息系统，而用的是今天的先进硬件，那么你只是让旧思维上的谬误更快、更广地到来而已。

所以，我建议大家要特别留意大师指出的这些旧思维上的一贯谬误，以及如何在设计新信息系统时一一避免。大家反而不要太在意大师描述的三十多年前的电脑功能的相对落后，以及他当时如何克服，因为以今天的 IT，硬件所造成的限制和麻烦，已经没有那么突出了。

高德拉特大师在书的第一部分倡导的决策程序以及信息系统背后的思路，当然跟 TOC 的以下主要理念及诉求密切关联：

- 固有的"成本世界心态"如何一直令企业主管们做出各种错误的决策？主管们应改为根据信息系统提供的什么资料才能做出正确的决策呢？这往往甚至需要他们勇敢地打破一些"金科玉律"。["成本世界"必须由它的对立面"有效产出世界"（throughput world）取代，决策程序的总方向，也必须是有效产出的提升。] 而"产品成本"这个概念又如何误导众人，如何为祸我们的日常运作，令我们忽视公司的大局，以致无法做出有效决策来步向公司的目标，这些我们都必须特别警惕。

- 主管们大多依赖会计系统获悉企业现在和过去的状况，高德拉特大师认为这是不够的，他强调主管们必须懂得回答做出有效决策时一定要问的关键问题，信息系统必须有助于提供那些答案，我们因而有必要深入剖视高德拉特大师的管理哲学——关乎业务数据及企业决策的管理哲学。

- 高德拉特大师倡导非常简单及普遍的常识思维（common sense thinking），然而，从日常生活的复杂状况中看到个中的简单性，从而进行决策，这个技巧就不是人人都懂了，大师要我们多尝试、多思考。

- 人人都讲衡量，都自称很重视衡量，但高德拉特大师认为，脱离公司的目标去讲衡量是没有意义的。TIOE是怎样被定义的？信息系统如何体现这几个关键衡量？

- 还请大家特别留意，高德拉特大师在书的第一部分用相当篇幅讲述美国一家很出名的重型机械业大公司的急速衰败的经过（高德拉特大师很厚道，没有在书中点出这家公司的名字）。让许多人都感到震撼的是，满怀改革雄心的新任CEO所推动的几个重大新措施，从成本会计的角度来看，都是完全正当的、无可非议的，而公司上下所有人员都很专业、很努力，那么，公司为什么会急速衰败呢？大家不妨多思考这个问题，吸取当中的惨痛教训。

书的第二部分，是关于信息系统的结构，高德拉特大师指出，信息系统必须由排程、控制和"要是……会怎样"（what if）三个模块组成。

在这部分，大师也对表现衡量、"墨菲"及缓冲做了详细的解说，比他的其他TOC书更深入。

如果你正在衡量、比较不同的软件，或者对你正在用的软件有点儿不满，你可以从这里得到不少启发。

高德拉特大师认为软件必须提供什么功能才有助于你做出有效的决策呢？可能是由于潮流的影响吧，现今越来越多的软件公司都宣称自己的产品已具备了 TOC 功能，建议你用高德拉特大师在这本书中指出的功能，作为判别你遇上的所谓 TOC 软件的方法之一。

一如前述，如今的电脑硬件的威力比当年强得多了，尽管"要是……会怎样"模块需要电脑进行大量复杂的、反复的计算，现在也不成太大的问题了，注意力反而应被投放在软件的设计上——是不是仍然缺乏真正有用的功能。

书的第三部分——排程，将 TOC 聚焦五步骤发挥得淋漓尽致，尤其是在"找出"制约因素及"迁就"方面。至于如何锁定制约因素之间的冲突，以及如何处置保护性产能，这部分都有详述，当然，重头戏是建立可接受的排程的标准。

书的这部分可以说是信息系统的实施纲领，有人形容它是全书的爆破点，建议对 TOC 认识未深的朋友们反复阅读，把大师的话弄明白，必要时参考一下第一部分或第二部分的相关章节，也是有帮助的。

软　件

TOC 跟电脑颇有渊源，高德拉特大师本人早年就是以开发软件起家的，产品名为 OPT，他将脑子中的 TOC 概念雏形通过这款软件付诸实践，帮助工厂改善运作。软件本身很不错，但高德拉特大师不久就发觉，手中只有软件，要说服人家改变固有思维、拥抱新事物是非常费劲的，于是，他毅然开发出一整套 TOC 思维方法，撰写广受欢迎的《目标》一书，并放弃以软件作为推动 TOC 的主力。现在看来，这个转向是正确的，一定要把人们的思维先理顺了，才可能有所作为、有所突破。

而由于有了在电脑方面的历练及根基，高德拉特大师常常在他的演讲和作品中提及 IT——如何跟 TOC 搭上，这是好事，IT 这个大环境是没法（也不应）

躲避的，《大海捞针》这本书就是 IT 味比较浓的作品之一。

记得当年我在以色列高德拉特大师的家中跟他讨论 TOC 著作系列的中文版在他的授权下出版的事宜，我曾问他：既然他的发展方向已不在软件方面，为什么他仍然花大量宝贵时间去写这本《大海捞针》呢？大师笑笑，认定我当时还未清楚了解此书的内涵，所以才会这样问。他说他想通过这本书把他在软件开发方面的独有心得、想法及憧憬系统地表达出来，让世人知悉。他强调，《大海捞针》亦同时表达了 TOC 的深层内涵。他建议我先弄清楚书的深层意思，再动手翻译，不用急。他也不主张我找人翻译——对 TOC 一知半解，一定会将此书翻译得一塌糊涂，误导广大读者。

不少软件公司都说有兴趣开发 TOC 软件来满足市场越来越大的需求，我建议公司人员齐来细读《大海捞针》，因为软件的结构和功能的细节，不少已包括在这本书中了。他们必须真正深入了解 TOC 才行，否则，这些自称的 TOC 软件只会误导众人，最后连 TOC 制约法本身也因而被软件用户怀疑是无用的，这当然非常冤枉、无辜。

关于 TOC 软件，有一个危险我必须郑重指出，大家千万不要以为买了 TOC 软件并安装了，懂得相关操作并启动了，你的组织就成为一家实施 TOC 的公司了。非常要命的是，如果公司上下仍然紧抱一贯的成本世界旧思维，主管们的决策方式仍然是老模样，那么，你手中的软件是无法发挥多少作用的。这也是为什么高德拉特大师当年放弃他的软件事业，并一直不再沾手软件的事。TOC 软件就由有兴趣的专业软件公司去投资、去开发吧。大师和他的全球团队只致力于面对广大企业界的、相当艰巨的"换脑袋"大工程。

而我领导的高德拉特学会中国团队也是这样的态度，我们知道如果这项工程没有先做好，众人的脑袋仍然是旧思维的天下，你去讲什么软件，都是完全不对题的。大家要小心，软件推销员也很可能满嘴 TOC 名词,而"换脑袋"工程是 TOC 专家们的一项工作，不是由其他人很容易地就能切实办到的，不是嘴上多说说 TOC 名词，办一些肤浅的、其实旨在推销软件的所谓 TOC 速成班，或者自行看某些书便能办到的。

消化与吸收

与《目标》等 TOC 企管小说不同，投入一两个通宵匆匆把《大海捞针》读完，这不是消化这本书的好方法，你必须准备投入多一点时间，甚至准备重读好几次，尤其是当中一些比较关键或比较难懂的章节。你会发觉，这样做是非常值得的。

- 倘若你对 TOC 相当陌生，没有看过《目标》，我建议你先看《目标》，再看《大海捞针》，这样你就更容易进入状态。看完《大海捞针》后反过来再看《目标》，你就更能明白故事主角罗哥的心路历程。原因是，《大海捞针》给了你更深层次的 TOC，你的感受因此会比第一次读《目标》深刻、强烈得多。

- 书中的图表也很重要，如果你只看文字，不理图表，你会错过本书不少重要信息。

- 不少朋友在读完《目标》后，都有一股冲劲儿想马上在公司内实行 DBR（鼓—缓冲—绳子），那么，读完《大海捞针》之后，后续行动也只有这个吗？其实你可以多样化一点，你可以试用《大海捞针》中的概念分析一下公司现行的决策流程，令流程变得更扎实，流程的执行变得更到位、更有效；你也可以试着厘定公司的制约因素到底是什么，公司应该建立一些什么新的衡量，应该废除哪些现有衡量……

- 请尝试解答书中高德拉特大师精心设计的思考题，如 P&Q 小测验，如果你得出的答案不对，请不要气馁，继续努力，即使答对了，你也要看清楚大师对答案的解说，直至你真的彻底明白，因为思维的真正突破就出自那里，你必须狠狠抓住、好好领会。

- 我也曾在我的TOC公开课中让无数各界人士试试能否正确地回答P&Q小测验中的问题，他们大都觉得，如果没有尝试过认真回答，他们根本没有发觉原来自己的思维是那么深陷于"成本世界"，一直在做那么多蠢事而不自知。所以，我再次强调，必须牢牢掌握P&Q小测验，厘清它的整个思路。

- 这本书的知识含量是那么高，涵盖的范围是那么广，在外国，就有企业专门为此书设立四人学习小组——由一名电脑部经理、一名厂长、一名财务主管及一名行政部的代表组成，由于这些人的职责不同，各有所长，而这本书所涉范围是那么广，在定期的读书会上，四人交流起来，收益就会更多。建议你所在的公司也考虑这个相当高明的做法，这对同时在读此书的其他同事，也有一点促进学习的作用，这当然有利于将书本知识转变为整家公司的实践行动。

打铁趁热，继续学习

看完《大海捞针》，想知道还有什么 TOC 材料可供进一步学习？ https://bit.ly/2ZNIbKz 有我编制的"TOC 知识宝库"TOC 学习材料清单，图文并茂，不妨进去详细看看，这里就不逐项解释了。（本书最后一页也有该宝库的二维码，用手机扫一扫，你就可以轻松进入。）

- 如果你十分喜欢本书的思考题，如P&Q小测验，建议你查看宝库中的《竞赛》（The Race），大师也在此书中插入了多个很具启发性的思考题。

- 《大海捞针》跟IT有关联，你想知道宝库中有哪些TOC学习材料也跟IT有关联吗？请特别留意《关键链》、《仍然不足够》、Production the TOC way（附电脑上用的TOC生产模拟器）。

- 如果你精通英文，想看更原汁原味的内容，宝库中也有《大海捞针》的英文原著，请查看。

- 上文提及大师在此书中的独特表达方式（他好像在跟你对话，处处激发及挑战你的思维），如果你想更多地感受他的这种魅力，我建议你查看一下宝库中的"高德拉特卫星讲座"系列，在这些视频中，大师亲自现身，连他说话的语气、声调、眼神及肢体语言也在一一向你传递信息，你不细细品味都不行。

必须指出，由我领导的高德拉特学会中国团队开发与举办的各种 TOC 课程及活动，以及在网上专设的 TOC 群组，都是让此书的广大读者进一步了解 TOC 的重要渠道，我恳切希望借着本书结识对 TOC 有兴趣的各界人士，彼此交流，一起继续探索 TOC。

欢迎你用本书最后一页的二维码跟我直接建立联系。

非常感谢。

注：本书译者罗镇坤先生是资深专家，深耕 TOC 多年，也是高德拉特 TOC 系列图书的主要译者。本书保留了译者原汁原味的翻译风格，书中所用术语与 TOC 系列图书保持一致。

目 录

第一部分　决策程序

第二部分   信息系统的结构

第三部分   排程

第一部分
决策程序

1

数据、信息、决策程序及其之间的关系

我们正被淹没于数据的汪洋大海中，但我们仍然觉得所得信息总是不够。

你同意这个说法吗？它令你感到困惑吗？

如果是这样，我们为什么不把它拿出来讨论？——不是空泛的讨论，不是抱头痛哭，也不是在缕述彼此的惨况中寻求慰藉。让我们认真地讨论它，带着"你和我可以改造世界"的豪迈。让我们一起来找出这一可怕问题的切实可行的解决方案。

我们应该从哪里开始呢？

很明显，我们应首先准确定义我们所说的"数据"（data）和"信息"（information）这两个词的含义。两者之间的真正区别是什么？这是我们的困惑的核心，不是吗？这两个词早被定义好了吗？也许在词典和一些教科书中可找到它们的定义，但实际上并没有被真正定义。

你碰到过多少个以"信息系统"为名的电脑软件包，细看之下，却立即发觉它们只是"数据系统"而已？

什么是数据？

供应商的地址是数据，产品的买入价是数据，产品设计的每个细节或仓库的存货清单也是数据，似乎关乎我们现实的所有描述都是数据。如果是这样，那么剩下来能够被称为信息的又是什么呢？

看来回答这个问题的唯一方法，就是推翻我们刚才的说法，供应商的地址是数据，但对于必须向供应商发投诉函的人来说，这个地址就是信息；你可能视仓库存货清单为数据，但如果你想查看客户的一张急单有无所需物料，那么这张清单就是信息。同一字符串，我们在某一情况下称之为数据，而在另一情况下，我们却视之为信息。

我们在兜圈子吗？不一定。直观上，我们的理解是，数据中能影响我们的行动的那部分，就是信息。对于不同的人，或者对于不同时段的同一人，同一字符串可能是数据，也可能是信息。

我们几乎无可避免地认识到，数据和信息之间的区别不在于字符串的内容，而在于它与相关决定的关系。如果我们事先不知道将要做什么类型的决定，又或者如果我们事先不知道我们确切需要什么，那么每条数据在某一时段都有可能被视为信息。难怪将数据库与信息系统区分开来是那么困难。

在瞬息万变的世界中，我们能否一下子就能识别出什么是信息？是否有可能设计出我们可以全心全意地称之为信息系统的东西，尤其是当该系统并不被打算仅供某部门的某类决策所用时？

我们希望有一个系统可以为组织中所有类型的决策提供信息给所有经理。依我们目前所见，在任何一个时间点上，这类系统的大部分内容实际上只是数据而已，那又怎样？如果它也将提供信息，这真的重要吗？

正是这种思路将我们带进当前的系统中。你看，下一个很自然的步骤就是问自己：我们将来可能面对什么类型的问题。不只是我们，还有组织中每个职能部门。然后，我们高兴地跳到下一步——尝试确定我们到底需要哪些数据/信息。从那里开始，我们很快就陷入一大堆工作中：定义适当的输入格式、档案布局、检视程序……现在，收集和维护海量数据的艰巨任务就展现在我们面前。输出报告的格式也遇上同样的情况。这样的事情将不胜枚举，几乎涵盖所有可能的问题。是的，在过去几年中，个人电脑和在线查询功能在某种程度上有助于消除这种现象，但并未消除导致这个现象的根本原因。

在以色列有一个传说，我无法证明它是真的，但如果它真的发生过，我不会感到惊讶。10年前，从电脑中获取信息的唯一可行方法是打印文件。当时，以色列军队的中央电脑部门正在考虑采用最新的激光打印机技术。该部门的一名上尉，可能出于自大，也有点不负责任，决定以一种独创方式解决这个问题。他未经许可，就发出指令，停止打印、分发任何超过100页的文件。当时电脑仍不十分普及，文件的大量副本需要从中央站点分发至军队中的许多地方。这个新举措居然只引发一个接件点的不满，抱怨的是一个专门负责将文件整齐地放进文件柜的人。

大型组织中的每个经理都可以很容易地对这个传说产生共鸣，如果这个故事是一个传说，那么许多类似的故事肯定是事实，此外，我们原先的抱怨是什么？我们被淹没于数据的海洋中。如今的情况是如此糟糕，以至于我在公众场合露面时，每当我提出将打印机直接连接到碎纸机的建议时，听众都会欢呼、喝彩。在这个思路的某处，我们一定拐了一个错的弯，一定存在着一个逻辑缺陷。信息系统可能并不否认数据库的必要性，但可以肯定的是，信息系统必须是完全不同的东西，如果要信息系统有效，它们就不能与我们当前的数据库雷同。

让我们回到陈述数据和信息之间区别的那个环节。我们试图将信息定义为做决定时所需的数据。这种尝试并没有使我们走得多远，尽管如此，直觉上，我们认为只能在我们做决定的框架内去定义信息。也许我们不应该将信息定义为"回答问题所需的数据"，而应该定义为"所提问题的答案"。

这不仅仅是语义上的差异，细看一两分钟，你可能也会像我一样感到不安。你会看到，在我们将信息定义为"所提问题的答案"的那一刻，这意味着信息不是决策程序所需的输入，而是决策程序所得的输出。接受这个定义，就意味着决策程序本身必须嵌入信息系统中。这将需要启动艰巨的任务来实现决策程序的非常精确的正规化。就我们来说，这绝对意味着在当今的行业中打开一个新的潘多拉魔盒——决策程序本身正在发生变化。

在越来越多的专业人士眼中，20世纪80年代是发生第二次工业革命的10年——一场关乎企业管理精髓的革命、一场影响经理们做决定的基本程序的革命。信息系统的组成和结构的任何逻辑讨论都必须在决策程序的框架内进行。因此，我们不能逃避分析已开始出现的新管理哲学的必要性。

乍一看，它可能看似一个巨大的偏差，我们想讨论信息系统，突然间，我们可能不得不花费大量时间分析管理哲学。但这是不可避免的，只要我们想找出一个扎实的方法来创建令人满意的信息系统，就得如此。此外，也许这些新举措的简单性将为我们的话题带来新的、更简单的、威力更强大的解决方案。

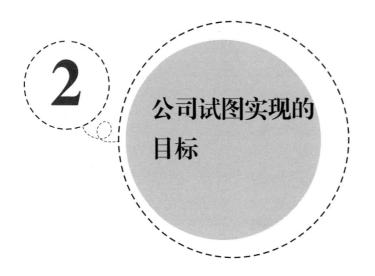

2 公司试图实现的目标

　　"质量是首要任务""库存是一项负债""平衡流动（flow），而不是平衡产能"，这些是动摇了工业管理基础的一些口号。在20世纪80年代，我们见证了全面质量管理（Total Quality Management，TQM）、准时制生产方式（Just-In-Time，JIT），以及制约法（Theory Of Constraints，TOC）这三项强有力的运动，三者挑战了几乎所有之前已被接受的管理概念。它们都在某个局部技术环节起步，然后都以惊人的速度发展。

　　我们开始意识到，对这些运动所包含的内容，我们最初的认识太狭窄了。我认为你可能同意我通过以下方式来描述相关认知的变化：

> 　　现在是时候意识到 JIT 的主要侧重点并非车间库存的下降。JIT 不仅仅是一种机械的看板技术，它绝对是一门新的整体管理哲学。
>
> 　　现在是时候意识到 TOC 的主要侧重点并非车间的瓶颈。TOC 不仅仅是一种机械的生产优化技术，它绝对是一门新的整体管理哲学。
>
> 　　现在是时候意识到 TQM 的主要侧重点并非产品的质量。TQM

不仅仅是一种机械的统计过程控制（Statistical Process Control, SPC）技术，它绝对是一门新的整体管理哲学。

我不必问你是否注意到以上三者的相似之处。我们应该问自己以下两个不可避免的新问题，不应该只因为以上新理解而沾沾自喜：

1. "新的整体管理哲学"的"新"，是指什么？只要了解了这三项运动以往被视为局部技术，我们就能够很好地感受到它们现在的"新"到底体现在哪里。现今，我们的直觉理解正在接受一个严苛的新词——新的整体管理哲学，这让人有点难以下咽。新的局部技术不配使用这么崇高的词。首先，三项运动只限于生产领域，那为什么用"整体"一词呢？其次，尽管功能强大，但仍不足以称它们为管理哲学。必须更好地用语言来表述三者到底带来了什么新意，才能证明我们的直觉理解是正确的。

2. 到底有多少门新管理哲学———一门还是三门？如果我们用语言准确地表达对当前的理解，那么，只有到那时，我们才能确定我们是否别无选择。

如果对上述两个问题避而不答，我们就会发现自己陷于当前的处境中——犹如在"月末综合征"之上添加了只能被称为"月初改善项目"的任务。要在哪里寻找这些问题的答案呢？很明显，只有基础发生重大变化，才能使用"新的整体管理哲学"一词。任何改善，无论多么大，如果只涉及一个相对较小的课题，永远无法使用这么严苛的词语。

我们可能要问的最基本的问题是，"为什么要建立一个组织"。首先，我不相信任何组织是仅为了自己的存在而建立的。每个组织的建立都是为了达到某个目的，因此，每当我们讨论任何组织的任何部门的任何行动时，唯一合理的方法是判断该行动对组织整体目的的影响。

相当琐碎，但通过简短的讨论，组织的基础就显露出来了。必须弄清楚的第一个要素就是组织的整体目的——或者用我更喜欢的称谓，该组织的目标（goal）；第二个要素是衡量（measurement），不是泛指任何衡量，而是指有助于我们判断局部决定对整体目标有何影响的那些衡量。

如果要从大处着眼，我们就要先看看该组织的目标，然后，如果在那里没有发现任何变化，我们就看看它的衡量。

让我们从组织的目标开始。跟我一样，你可能已发现，在某些情况下很难做出准确判断。因此，就让我们花点时间澄清一下这个问题：谁有权决定组织的目标？不需要大智慧，你就能得出明显的答案。组织的目标必须完全由该组织的所有者决定。任何其他答案都只是迫使我们重新定义"所有权"一词的含义而已。

我们面临一个问题。我们都经验丰富，知道无论什么组织，几乎都存在一些权力集团。如果某权力集团不喜欢组织在某方面的行为，那么他们有能力去破坏甚至严重破坏该组织。看来，我们必须给这些权力集团发言权。然而，给他们发言权，就意味着所有者没有决定组织目标的全部权力，这是一个困境。

要摆脱这个困境，出路在于清楚区分组织的目标，以及组织的行为需要满足的必要条件（necessary conditions）。组织应努力在权力集团划定的范围内实现组织的目标，而不违反任何外部施加的必要条件。

对工业界而言，客户绝对是一个强大的权力集团。他们确实施加了必要条件，如客户服务和产品质量的最低水平。如果不满足这些最低条件，客户将不再购买组织提供的产品或服务，组织将面临灭顶之灾。但是，肯定没有人会说，我们的客户有权决定甚至干预组织的目标。

组织的员工也是一个权力集团。他们也施加必要条件，如最低工作保障和最低工资。如果违反了这些必要条件，那么组织就要面临罢工的风险。但是，这并不意味着员工——作为雇员——有权决定组织的目标。

政府也是一个权力集团。政府，包括地方政府，都施加了必要条件，如空气或水污染的上限。如果一家工厂违反了这些必要条件，那么无论其盈利能力如何，它都面临着被关闭的非常现实的威胁。但是，这并不意味着政府会告知我们组织的目标应该是什么。

组织的目标完全取决于所有者。如果我们与一家工业企业打交道，我们称该企业的所有者为"股东"，那么问题"企业的目标是什么"和问题"为什么股东将钱投放到企业中"是完全等同的。到底为了实现什么？

综上所述，你怎样看一家这样说的公司——"我们的目标是提供最优质的产品，辅之以最好的客户服务"？这样的公司可能有非常奇特的股东，他们投资该公司，就是为了让自己在鸡尾酒会上吹嘘他们的公司提供的最佳客户服务。这是你的公司吗？很可能不是。

另一家公司声明其目标是"成为行业一哥，占有最大的市场份额"。投资该公司的股东，可能都是"权势狂人"。最可笑的说法是，公司的目标是生存，这一说法却不幸地在许多教科书中都可以找到。这个说法无疑将大多数股东归类为"舍己为公""大爱为怀"那一级别。

如果公司在证券交易所上市，那么它的目标就已被响亮及清晰地宣告了，"我们通过证券交易所投入我们的钱，以便现在和将来赚取更多的钱"。这就是任何在证券交易所上市的公司的目标。

应该注意的是，公司的概括性声明并非"公司的目标是现在和将来都赚钱"，而是"只有公司的所有者拥有确定公司目标的权力"。如果是一家不上市的私有公司，那么任何局外人都无法预测其目标，我们必须直接询问它的所有者。

看到这么多家上市公司的高层混淆了必要条件、手段和目标，的确令人不安，这常常导致公司走入歧途，甚至最终失败。客户服务、产品质量、良好的人际关系绝对是必要条件，有时甚至是手段，但它们不是目标。公司员工应服务他们的股东——这是他们得到报酬的理由。员工服务他们的客户，只是完成真正任务——服务公司的股东——的一种手段。

这里其实没有什么新的内容。是的，有时候真的很混乱，但没有新内容。为了找出新的整体管理哲学有什么新意，我们别无选择，必须分析和检视第二个要素——衡量。

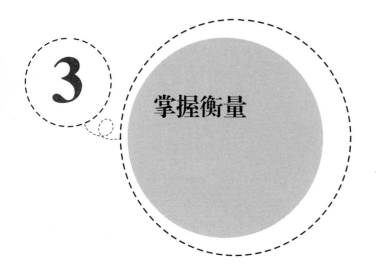

3

掌握衡量

衡量是所选目标的直接结果。在定义目标之前，我们无法决定用什么衡量才对。例如，用基于金钱的衡量来判断军队或教会的表现是很荒谬的。

在以下的表述中，公司的目标是现在和将来都赚钱，那么对于不以这个为目标的公司，以下分析就不再适用，尽管所涉逻辑程序差别不大。

我们通过公司的财务报表来判断公司的业绩，当我们说"账本底线"（bottom line）时，我们指的不是一个数字，而是两个。第一个是绝对衡量，如利润，这是在损益表上报告的；第二个是相对衡量，如投资回报（Return On Investment，ROI）、总资产回报率或股东股本回报率，这些是在资产负债表上报告的。还有一份财务报表相当重要，但它不是一个衡量——现金报表。

请注意非常重要的一点，这些账本底线衡量其实并非我们追求的衡量。这些衡量能够衡量目标。然而，我们追求的基本衡量，是有助于我们判断局部决定对公司目标的影响的那些衡量。每个经理都非常清楚，账本底线衡量对判断局部决定的影响是无能为力的。

我们用什么衡量来判断局部决定的影响？不，我们当然不会花大量力气去列出公司各个部门正在用的所有局部衡量。这样做是徒劳的，尤其是当我们明白，在许多公司占主导地位的衡量似乎往往取决于大老板当时的心情、一周中的某一天，甚至可能是当天的天气时。相反，让自己参与一些心理锻炼，就简单得多了，而且肯定会更加富有成果。

这种心理锻炼是物理学中使用的威力最强大的工具之一，它们被称为"格敦根实验"（gedunken experiments，gedunken在德语中是"思考"的意思）。这些实验实际上是不需要真的动手去做的，你只需要用大脑思考便可。你的经验丰富，足以找出正确结果，因此无须真的动手去做。让我们开始做格敦根实验吧。

首先，我们应该描述一下这家公司。公司的目标是现在和将来都赚钱。我们有兴趣为他们找出适当的衡量。该公司生产什么？碱性金属？精密的电子设备？普通商品？真的有必要弄得那么清楚吗？是的，我们必须意识到，人们一般讲的是公司生产的实物产品，而非其他。只要我们以自己的方式定义其目标，公司生产的（或应该生产的）绝对只是一种东西——钱，因此，我们可以稳妥地宣称公司为"赚钱机器"。

我们已经就目标达成了一致——我们希望有一台赚钱机器。试着想象一下，你刚刚进入全市唯一一家出售赚钱机器的商店，商店中有很多赚钱机器，你得从中选择其一。你需要推销员提供什么资料来让你做决定？一旦我们说出我们所需要的，其实那就是衡量。

可是，除了衡量，我们可能还需要提出一些必要条件。由于实验是为了找出衡量，而必要条件往往因公司而异，假设商店中的所有赚钱机器都能满足我们的所有必要条件，因此，如果我们可以清楚地表达我们做出选择所需要知道的资料，我们实际上是在表达所需的衡量。请记住，我们可以期望推销员向我们提供有关每台机器的数据，但我们不应期望甚至不希望这个人为我们做出选择。

我们首先想到的信息是"这台机器能赚多少钱"。然而，请注意，假设推销员告诉我们："第一台机器能赚100万元，其他的只能赚50万元。"假设我们选择了第一台机器，发现它真的能赚100万元，但需时10年，另一台机器仅用1年就能赚50万元。你认为我们会对推销员怀恨在心吗？为什么？他精确地回答了我们的问题，问题不在于推销员，而在于我们，我们没有问我们真正要问的。

我们真正想知道的是什么？速率。因此，我们应该问："机器赚钱的速率是多少？"请记住，这里提到的机器并不是实物机器，而是我们整家公司。赚钱的速率关乎我们整家公司与其周围环境的互动。

让我们再次探索这个问题。机器赚钱的速率是多少？假设推销员告诉我们某台机器每个月能赚100万元，而另一台机器每个月能赚50万元。我们因此选择了前者，却发现3个月后机器就坏了，而后者却能长期正常运作。你认为我们会喜欢这个推销员吗？

再次强调一下，我们必须弄清问题的真正含义。我们当然不仅问现时的赚钱速率，我们其实是要求获得一定时段的速率。如果我们能清楚地表达自己，那么推销员将不得不告诉我们：第一台机器的速率在3个月后会降至零。当我们仅通过表达清楚自己就能预防这类问题时，为什么还要浪费时间去指责他人？

我们还必须澄清另一个事项，我们想知道推销员的预测成真的可能性。每个数字答案其实都只是一个猜测。我们应该要求知道他的预测的可靠性。因此，我们必须先弄清楚我们的问题——"机器"赚钱的速率是多少？

这就够了吗？当然不，机器的成本我们肯定也关注。然而，请注意，以下改动要非常小心。我们所说的"成本"到底是指什么？成本是具有多种解释的非常危险的词语之一。我们可能会问"这台机器的成本是多少",意思是它的买入价是多少。但是,我们可能会问同样的问题,意思却是它的运营费用(Operating Expense,OE)——运行这台机器需要花多少钱。一种解释是从投资视角,另一种解释是从支出视角,这是两种完全不同的解释。让我们记住,我们要变得非常富有,可以靠谨慎投资,但肯定不能靠支出。可是,两种解释都至关重要。

我们应该如何表达我们的问题呢?仅问机器的买入价是不够的。当我们发觉机器的尺寸是那么大,以致要拆毁厂房才能安装,或者发觉机器"肚子"里需要安放的库存(Inventory,I)是那么贵和多,甚至比机器本身的买入价还要高时,我们可能会为之惊愕。我建议我们问:"有多少钱被这台机器'吸住'了?"让我们再次重申要获得一定时段的速率,以及获知该速率的可靠性。

钱被机器"吸住",并不意味着我们不拥有这些钱了,这仅意味着即使我们只拿走这些钱的一小部分,该机器将立即无法继续生产,或者至少该机器的绩效将下降,这跟我们仍然要问的以下问题完全不同:"要维持这台机器的正常运转,我们需要持续地投入多少钱?"

4 定义有效产出

三个简单的问题：我们的公司产生了多少钱？我们的公司"吸住"了多少钱？我们必须花多少钱来运营我们的公司？直观上，这些衡量都是很明显的，现在只需要把这些问题变成正式的定义即可，我已在《目标》中提出过这些正式定义。

第一个定义是有效产出（Throughput，T），有效产出是指系统通过销售赚钱的速率。

其实，如果删除"通过销售"这四个字，我们将得到更精确的定义。你会看到，如果系统通过在银行赚取利息来赚钱，那肯定也是有效产出。我为什么要加上这四个字？那是由于企业界一个常见的行为。大多数生产经理认为，如果他们生产了一些东西，就应通通称之为有效产出，你怎样看？如果我们生产的东西尚未出售，我们真的可以称之为有效产出吗？

这种扭曲不仅限于生产。如果你将成品库存加倍，财务主管会有什么反应？如果这些产品还是完好的，你此举会得到怎样的财务评价？财务主管会告诉你，根据他对这类数字的一贯看法，你做了一件非常好的事，你帮他抵销了更多的经常性开支，财务报表上显示的利润将增加。我们的业务直觉当然不支持这一看法，有效产出不应跟公司内部的交易扯上关系。有效产出的意思是从外面赚回来的钱，因此需要加上这四个字——通过销售。

应该强调的是，有效产出不应跟销售混为一谈。有效产出是系统通过销售赚钱的速率，区别在哪里？假设我们以100元的价格售出了一件产品，这并不意味着有效产出增加了100元。在售出的产品中，可能含有一些我们从供应商那里购买的物料和零件，假设花费30元。30元不是我们的系统产生的钱，而是我们的供应商产生的钱。这些钱只是流经我们的系统而已。因此，在这种情况下，有效产出仅增加70元。有效产出是售价减去我们支付给供应商的钱，无论我们是何时购买这些物料和零件的。

除了购买零件和物料的钱，我们还需要从售价中减去一些其他花费才能计算出有效产出，如外包的费用、支付给外部推销员的佣金、关税，甚至运费（如果我们并不拥有所需运输渠道）。所有这些钱，都不是我们的系统自己产生的钱。

你可能已注意到，有效产出定义要求我们确定销售发生的时间点。目前有两种普遍的做法：一种是当钱实际转移的那一刻；另一种较流行，是采用累计的方式，即当交易已被确认为不可撤销时。遗憾的是，许多公司并未严格遵守这两种做法。

在许多消费品行业中，产品不是由制造商直接出售给消费者，而是通过配销链出售给消费者。在大多数情况下，这些配销渠道保留退货权，甚至不加任何解释。即使交易是可以撤销的，但仍在产品运送到配销公司时就立即将交易确认为销售，这种做法是不对的。

你能相信有些公司退款给配销商时是根据产品现时的价格，而不是早前已付的价格吗？你可能已知道，在消费品行业中，"促销"（消费者所说的

"大减价"）是主要戏码。这意味着配销商可以在促销期间买入商品，在两个月后退货，那么短短两个月，就可赚20%的利润，甚至比"黑手党"的生意还要赚钱。这种事情真的发生了吗？其实，规模比任何局外人想象的大得多。我询问一家消费品公司的总裁，为什么他的公司经营了50年，却仍没有堵住这个漏洞？他回答："你错了，我们其实不是经营了50年，而是经营了200季。"销售在这一季入账，退货则在下一季才入账。

这种现象并不好笑，它无疑凸显了一个事实，即销售的确认不应以金钱易手的时间为准。遗憾的是，在销售的确认上的疏忽所造成的影响很深远、很严重。我们都知道，大多数美国和欧洲汽车制造商旗下的经销商都持有大约90天的汽车供应量，这些汽车已被汽车制造商以销售入账，经销商实际上已购买了它们。然而，只要查看细节，你就会感到惊讶。事实证明，在大多数情况下，经销商是通过向汽车制造商借钱来购买这些汽车的。汽车制造商所持的抵押品是什么？是汽车本身。如果汽车型号的年度更新导致经销商被大量旧库存卡住，你认为谁会开口要求给予客户特大折扣以处理旧库存？不是经销商，而是汽车制造商。

基于所有合乎实际的目的，基于所有合理的业务目的，尽管汽车已在经销商手中，汽车制造商仍不应该将其宣布为销售，因为这种做法导致了本季度短期销售与长期销售（对市场做出快速反应，从而增加将来的销售）之间的毁灭性冲突。这不仅是汽车制造商的问题，还是每家通过配销系统销售而不是直接销售给最终消费者的公司的问题。在这里，要懂得区分客户和消费者，当一项不可撤销的交易发生了或产生了一名消费者（而不仅仅是一名客户），这时就应以销售入账。配销渠道中的过剩货品，只会增加制造商与最终消费者之间的距离。这就注定了有效产出将在未来蒙受损失。要打破长期和短期之间的冲突，我们重新定义一下销售在何时发生便可。

5

消除库存和运营费用之间的重叠

第二个衡量是库存，库存的定义为"系统投资于购买系统打算出售的东西的所有资金"。为什么说"所有资金"？没有这四个字的话，阅读上述定义的大多数人都会得出一个错误的结论，即定义中不包括机器和建筑物。正如我稍后将要说明的那样，就机器和建筑物而言，该定义与常规定义完全相同。为什么用库存一词而不是更易理解的资产一词？刻意这样做的目的，是凸显这样一个事实，即当提及物料库存时，该定义与常规定义大相径庭。

我们如何确定仓库中一件成品的价值？根据以上定义，我们只可以将付给供应商的钱视为产品的价值，系统本身没有增加任何价值，甚至连直接人工（direct labor）也不会。这种做法肯定与任何传统的库存价值计算方法不同，它不同于先进先出或后进先出这类概念。为什么需要有这样的区别？

增加价值，对什么而言？对产品而言。但我们关注的不是产品，而是公司。因此，我们真正要问自己的是："唯有何时才是公司增加价值的时刻？"只有当我们销售的那一刻才是！产品增值的整个概念是扭曲的局部效益。因此，如果它引发公司行为的扭曲，我们就不应感到惊讶。让我们审视一下一些更常见的扭曲。

假设你是一家大型企业集团的工厂经理。你不负责销售和营销，这些是事业部的职责，而事业部在另一个省。

去年，你的工厂仅实现了1%的净利润率，你收到的奖金太少了，以至于需要用"显微镜"才能看到。你的妻子给了你巨大的压力，吵嚷着要搬到更大的房子，而你的大孩子刚刚进入名校，你肯定需要更多的钱，你下定决心今年要争取大笔奖金。

预计你的工厂的销售额将与去年大致相同。你对此确实无能为力。正如我们所说，销售部不是你负责的，但集团总部已向你发出信号，说减少库存是一项极重要的绩效衡量指标。最近，集团总部开始意识到库存是一种负债，而库存是由你控制的。因此，今年你将精力集中在减少库存上，但又不能以牺牲公司的其他绩效作为代价。

你的努力已成功地将在制品和成品库存削减至年初水平的一半。你在不影响销售或客户服务水平的前提下实现了这一目标。事实上，你已成功改善了客户服务。此外，你无须进行其他投资就取得了这些成果。你没有购买更多设备，也没有安装新的复杂的电脑系统。你甚至没有增加运营费用，也没有雇用一群顾问来帮助你完成工作。同时，你也没有降低运营费用。

你是如何实现库存下降的？由于销售稳定，你只在某个时段停止采购及生产便行。是的，在这个过渡时段，你的员工没有被充分利用，但你不能解雇他们。如果你这样做，不仅工会会找你麻烦，你还会冒着将来无法重新雇用这些人的风险。你的员工非常优秀，他们寻找其他工作没有难度。你是一位经验老到的工厂经理，知道不能让这些员工离开，否则六个星期后又要面对培训新人的苦差事。

那么，让我们总结一下你的表现。销售和客户服务都没有受到影响，对非原材料的投资没有增加，运营费用保持不变，而在制品和成品库存下降。任何经理都会对这样的成果感到自豪。

对了，你获得了多少奖金？你为什么现在急于找新工作？是的，许多工厂经理发现自己处于这种怪诞的情境中。他们做了很有意义的事情，但财务报表显示，他们的行为导致了相反的结果，他们感到惊讶。上述事例的财务判断如何？集团总部为什么指示工厂减少库存？因为库存是负债。可是，当在年底衡量业绩时，我们在财务报表的哪一栏找到了库存？在资产那一栏。资产与负债是完全相反的概念。

减少库存，它是负债。啊，你成功减少了！现在，我们更改游戏规则。突然间，库存变成资产，"斧头正落在你的脖子上"。实际差异到底在哪里？让我们更仔细地检查一下吧。

库存在资产负债表上被归为资产，其价值是多少？就在制品和成品而言，价值不仅要包括物料的价格，还要包括产品的附加价值。一旦采购暂时停止，只有那些现在不被采购的物料的价值仍能以现金的方式继续留在公司账上。所有附加价值现在都无法在产品或物料中得到补偿，因此它唯有以亏损的方式出现在今年的账本底线中。

为产品增值的局部观点，导致许多公司不敢降低物料库存。公司唯一敢这样做的时刻，是当销售额增长到足以弥补库存减少所带来的负面影响时。这种现象在美国和欧洲各地都有大规模地被观察到。这也难怪，我们应谨记衡量被扭曲所带来的影响。

增值概念以另一种方式出现，造成更大的破坏。20世纪80年代初期，有一家年销售额约90亿美元的美国公司，在当年结束时有小额亏损。在这之前公司年年盈利，这样的变故是完全出乎意料的。

你可以想象，华尔街证券交易所的反应不会是正面的，股东们当然也不高兴。在出奇短的时间内，CEO被撤换，一位新的、强势的领导人接替了他。

新任CEO公开宣布，他对那些人道主义的喋喋不休不感兴趣，他只对账本底线感兴趣。董事会喜欢这种论调，这可能就是他们聘请他的原因。他的第一个动作是索取该公司生产的所有零件的清单。你可以想象电脑打印出来的清单有多长！

对于每个零件，他想确切地知道公司生产它的成本，以及如果可以从外边采购这个零件，外购的价格是多少。然后，他提出一项强制性政策：每个零件，如果在外边采购更便宜——不必感情用事，我们是在做生意——就立即停止生产并将其外包。当然，劳动力必须进行相应的"调整"。

当考虑是自制还是外包时，你的公司通常也会做出这样的决定吗？然而，在该案例中，一切政策都是大规模的，目标明确且行动迅速，没有人可以拖拖拉拉。极少数仍试图拖延过程的人被当成了"典型"。

四个月后，CEO索取了一份更新清单，检查实际表现，这对业务十分重要。再一次，所有至今仍在自制的零件被列了出来，还有自制成本和外购价格。我们都知道马上要发生什么事了。

解雇员工是可以办到的，解雇一台机器要难得多。但你是否曾经尝试过不用火柴就能点燃整座建筑物？现在剩下的每个仍在自制的零件，此刻都必须承担以前它的"朋友"（而今已被外包的零件）所分担的费用，每个零件都因而变得更加昂贵了。因此，更多零件不得不外包了，因为现在自制比外包更昂贵。又一波"大砍杀"发生了。

看来很可笑吧？我们记得大多数西方国家的公司也用过这样的概念，尽管规模不一样。故事继续上演，第四季到来了。CEO有点儿不知所措，他的财务报表并不亮眼，与董事会和证券交易所的蜜月期结束了。

他快速地进行评估，意识到公司的绝大部分投资都在装配厂中，因此他决定将注意力集中在装配厂。起码让装配厂的效率提高一点。装配厂遇上麻烦时最主要的借口是什么，缺少零件？好，我们会给它们充足的供应。作为一个务实的人，他成功地从204家银行获得贷款。他用这笔钱来确保在第四季所有装配厂每星期7天、每天3班不停地运作。效率达到了前所未有的水平。当然，当前的订单无法支撑这么高的生产率，但从长期预估中拉出一些工作单到前面来，并没有什么困难。这是许多西方国家公司的另一惯常做法。

在当年年底，财务报表完全确认并支持了CEO的做法。大量经常性开支被吸收了，最终利润数字闪闪生光。CEO得到了丰厚的奖金，但这并不能带给他太大的安慰，因为他不知道如何走下去。所以，他干脆辞职了。如果不是由于这个故事所产生的影响，它可能只是有趣的轶事而已。第二年，公司成千上万人失业了，连公司规模也缩小至原来的1/3，并不得不更改公司名。你能说出该公司的名字吗？

这些都是常见的管理实践——追求的不是真正的利润，而是人为的数字游戏利润。增值概念催生了"库存利润"和"库存亏损"等荒谬概念。通常（但并非总是如此），公司会在现金状况被危害至无法挽回之前叫停库存利润游戏。但这并不意味着公司受损轻微。配销仓库的成品已堆至屋顶，大大拉长了公司与客户之间的时间距离。

在产品生命周期不到两年的世界中，许多公司通过3~6个月的成品库存时间距离来服务客户，如果该公司在地球另一端的竞争对手与同一市场只有30天的时间距离，这场仗怎样打？长远来看，谁会赢？谁已在众多行业中赢了？这些公司能甩掉背上的库存"猴子"吗？考虑到当今的投资者心态，这只是个非常缓慢的过程。

最高管理层大概无法向其股东解释非常要命的账本底线"成果"。

> 告诉我你如何衡量我，我就告诉你我将如何行事。如果你以不合逻辑的方式衡量我……不要抱怨不合逻辑的行为。

大家不要低估这则声明对公司生死存亡的影响。

从库存中剔除附加价值，并不意味着这些资金支出就没有了。针对它们的是第三个衡量——运营费用。

运营费用的定义为"系统将库存转化为有效产出的过程中花费的所有的钱"。

"所有的钱"四个字又出现了。运营费用不仅仅是为直接人工所付的钱。如果不将库存转化为有效产出，推销人员的工作是什么？工厂中工头的工作是什么？经理或其秘书的工作是什么？这些人的任务完全一样，为什么我们要把他们区别开来，仅仅因为其中一些人需要跟产品接触吗？

注意两个定义所用的不同单词：库存用"投资"二字，运营费用用"花费"二字。你打算把从事研发工作的工程师的薪水划归哪一类？

为了进一步阐明库存、有效产出、运营费用三个定义，让我们履行先前的承诺。我们仍然需要说明为什么我们声称上述库存的定义完全适用于机器和建筑物。举个例子，当购买机器的润滑油后，我们不应将支付给卖方的钱视为运营费用。我们拥有这些润滑油，这绝对是库存。现在我们开始用这些润滑油。我们耗用的润滑油必须从库存中移除并重新归为运营费用。这只是简单的常识而已。

接下来考虑购买物料。支付给卖方的钱不是运营费用，而是库存。现在我们处理这些物料，以尝试将其转化为有效产出，在处理过程中，一些物料被报废，报废的部分必须从库存中删除并归为运营费用。

现在考虑购买一台新机器。购买价格不是运营费用，因为我们仍然拥有这台机器。机器是库存。当我们使用这台机器时，机器正逐步损耗而报废，所以它的价值的一部分会逐渐从库存中移除，而被归为运营费用。我们怎样称呼此机制？折旧。

6

衡量、账本底线和成本会计

我们已经看到常规衡量与我们所提出的衡量之间的两个非常明显的区别。关于我们对新整体管理哲学的直觉感受，我们是否已找出了核心原因？尽管我们很愿意相信，但遗憾的是，它经不起严格的验证。首先，以上区别仅是TOC理论的说法，JIT和TQM两个理论并没有那么明确地表达基本衡量一事，因此就谈不上精细的区别了。其次，基本衡量中的有效产出、库存和运营费用也在常规管理中使用。

这一点其实很容易证明，每个经理都非常熟悉有效产出、库存和运营费用。我们的熟悉程度是那么高，以至于能坚定地指出我们期望每项衡量所走的方向，只需要问问自己："你希望增加还是减少有效产出？"答案是显而易见的："我们希望提高公司产生金钱的速率。"

你希望库存增加还是减少？所有人都会回答："我们希望减少被我们公司'吸住'的钱。"运营费用呢，你希望如何变化？答案是如此的明显，这个问题甚至不值得回答。

让我们向前迈进一步，如果有三个衡量，那么我们就必须根据每个动作对所有三个衡量的影响来衡量每个动作。这就是为什么我们有三个衡量，而不仅仅是一个。降低运营费用的最有效的方法是什么？解雇所有人，运营费用会快速降低，当然，有效产出也会减少，但谁在乎呢？

在衡量任何动作时，我们必须记住，我们有三个衡量，而不仅仅是一个，否则，极具破坏性的动作就会发生。这意味着终审法官不是各衡量本身，而是这些衡量之间的关系。在数学上，三个衡量意味着任意两个之间都存在关系，我们可以选择任何两个之间的关系，只要这三个衡量都有涉及便可。我们已有了哪些广为人知的选择？例如，试考虑以下关系：有效产出减去运营费用（T – OE），看来很面熟？是的，你对了，这是我们的老朋友——利润。

再看看稍微复杂一点的关系，有效产出减去运营费用，再除以库存：[（T – OE）/ I]，是不是看起来更加熟悉？这就是投资回报率（ROI）。

三个基本衡量（T、I、OE）其实并无新意，它们都能直接搭上传统账本底线的判断。我们似乎陷入困局了。如果目标没有新内容，衡量也没有新内容，那么我们如何证明新整体管理哲学这个名称用得其所呢？

在深入探究之前，请记住，三个衡量的任何两个之间的关系，都可以作为终审法官，这点可能很有趣。

请考虑以下两个式子：有效产出除以运营费用（T / OE）和有效产出除以库存（T / I），你可以给这两者各取一个名字吗？第一个是生产力（productivity）的常规定义，第二个我们通常称为库存转数（turn）。

我们可以用利润和投资回报率这一对，或者用生产力和库存转数这一对，随便你吧。但除非你想把自己陷于困惑之中，否则，请不要四个都用。现在，请仔细考虑这种情况——有人给你很权威的意见："在宏观层面，我们必须用的衡量系统是利润和投资回报率；在微观层面，就要用生产力和库存转数。"这是多么荒谬的说法，就好像说"只要每家公司都有一个目标，那么我们都用同一个财务系统好了"。

成本会计是从哪里来的？乍一看，它似乎没有位置，其实未必如此。成本会计当年被发明时，就被认为是天才之作，正好满足一个非常重要的需求。它几乎是强制性地被广泛接纳。要了解成本会计今天所扮演的角色，我们从哲学角度进行全面概述，可能会有所帮助。

成本会计已成为一个非常普遍的流程的牺牲品。许多公司之所以受害，仅仅因为它们还没有意识到这一点。在当今瞬息万变、竞争激烈的世界中，一定要注意这一流程，否则公司运营将陷入瘫痪。大多数经理拼命寻找锚点和最终解决方案。但最终解决方案不仅暗示要有找出"真相"的能力，还暗示要不切实际地假设一个永远不变的世界。最终解决方案其实在现实里并不存在，存在的充其量只是强大的解决方案而已。

强大的解决方案要解决非常大的问题。如果方案只解决一些琐碎的问题，那么该方案尽管好而优雅，也不能算强大的解决方案。一个强大的解决方案是一个明确的答案，以针对一个严重的问题、一个影响公司的整体表现的问题、一个扭曲公司许多员工和经理的行为的问题。因此，实现一个强大的解决方案，将直接对公司产生重大影响——改变其行为及表现。

我们必须铭记一个事实，公司不存在于真空中，它不断与周围环境互动。当公司经历重大变化时，它会影响周围环境，因此要有更高水平的表现，才能满足各方的要求。实施强大的解决方案，会导致公司发生巨大变化。周围环境也会随之而变化，这带来了新的挑战，这些新挑战可令原来强大的解决方案变得落伍、过时。

我们必须面对一个令人心烦的现实：解决方案越强大，它就可能越快变得过时。无视这一现实，只能得出一个结论——昨天的强大解决方案，可能会变成今天的灾难!

这正是成本会计所经历的情况。接下来我们将分析成本会计当初在何种程度上被奉为工业史上最强大的解决方案之一。它是令工业蓬勃和迅速发展的主要工具之一。工业的发展带动了对更好的技术的需求激增,也提供了筹集资金的方法,来支持科技发明及研究。但随着技术的进步,对人类体力的需求与对人类脑力的需求的比例也改变了。在19世纪,公司的经常性开支系数是0.1,而今天,大多数公司的经常性开支系数已提升至5~8。在成本会计面世时,直接人工比经常性开支大10倍,今天,直接人工是经常性开支的1/10。

成本会计是一个强大的解决方案,它确实改变了工业企业的行为和表现。工业反过来影响了整体科技。然后,科技将成本会计甩开,成本会计所基于的假设不再有效,这个强大的解决方案显得过时了。由于采用了过时的解决方案,许多公司已面临灾难。

7

**揭示成本会计的
基础**

我们已定义了三个衡量，三者都是我们需要的吗？这些衡量能否令我们判断局部决定对整体目标的影响？直觉上我们认为它们是恰当的，但让我们面对现实吧，我们甚至还没有开始验证这个说法。

任何判断局部决定的尝试，都会立即凸显将每个衡量分解为各个组成部分的需要，公司的有效产出是由什么组成的呢？公司的有效产出来自销售一种产品，再加上销售第二种产品……产品也可以是服务。因此，公司的有效产出就是销售所有产品所得的有效产出总和，以数学公式表达，就是：

$$T=\sum_p T_p$$

公式中，p代表产品（product）。

对运营费用的处理也是如是。我们花钱，将库存转化为有效产出，我们把这些钱付给谁？给工人和管理人员（作为他们付出的时间的报酬），给银行（以求取利息），给公用事业公司（以获得能源），给保险公司（以获得医疗保险）等等。费用有很多类别，应当指出的是，"产品"并不包括在内。你从来没有直接付钱给一件产品吧。

同样，付给供应商的钱不是运营费用的一个类别。我们付给供应商的钱不是运营费用，而是库存。因此，公司的总运营费用是各种类别的运营费用的总和，以数学公式表达，就是：

$$OE=\sum_c OE_c$$

公式中，c代表类别（category）。

库存的细分（breakdown）很明显。

这些细分可导致在用上述各衡量进行局部决定时出现困难。说到底，利润和投资回报率才是终审法官。现在，让我们看看我们所处的尴尬境地，利润是有效产出减去运营费用，用数学公式表达，就是：

$$NP=\sum T_p-\sum OE_c$$

请注意，公式中的有效产出和针对的是产品，运营费用和针对的是类别。如果我们尝试将苹果和橙子加起来，则得出水果沙拉，那么我们如何处理以下麻烦？假设我们正在考虑应不应该推出某新产品，我们对它的可能销售量有一个很有把握的预估，我们的真正兴趣不在于推出该产品，而在于此举对公司整体利润的影响。

如果我们不知道推出该新产品对其他产品的销售有什么影响，那么我们该如何回答这个推不推的问题呢？如果我们不知道它对各个类别的运营费用有什么影响，我们又该如何回答这个推不推的问题呢？即使从该新产品获得的有效产出可能很高，但公司的总利润还是有可能下降的。在此情况下，这是一个非常重要的决定，就算我们用新的衡量，我们似乎还是没有胆量做这个局部决定。

成本会计的发明就是要回答这些非常重要的问题。发明它的天才可能经历过以下逻辑推理。此人可能说："我不能精确地回答你的问题，其实也没有必要精确回答。不管怎样，答案将取决于你对我们即将销售的新产品的销售量预估。我必须做的只是给你一个够好的'近似值'而已，这是我能做到的。"

此人的解决方案是将情况简化，把苹果加橙子变成苹果加苹果，把两个不同的细分——产品和类别——变成只有一个。他可能说："我可以找到运营费用的替代细分，不是按类别，而是按产品。是的，它不是很准确，但可以算作一个够好的'近似值'。"

我们要做的就是改变导致运营费用细分的问题，不是问关乎公司损益（P&L）的标准问题——"钱要付给谁"，而是问"为什么我们要付钱"。为什么我们付钱给工人？因为我们已决定制作某些产品。因此，我们至少能够把直接人工分摊给一个个产品。

让我们记住，当20世纪初发明成本会计时，在大多数公司中，直接人工是根据生产的产品件数来支付的。今天，我们是按在工厂中花费的小时数来付钱的，而且我们有很多理由（不仅仅是工会）回避员工雇用与开除的问题。

有些费用类别可能没办法按产品分摊，怎么办？例如，我们当然不会因为决定生产某产品而为总经理加薪。好吧，就让我们将所有这些费用放在一起，最好冠之以一个带点儿负面含义的名称。称之为"经常性开支"（overhead），甚至"负担"，你认为怎么样？这个名称肯定表明了我们厌恶那些不能按产品来划分的费用。是的，我们的确冒着风险把所有经理都视为"负担"，但希望他们不会察觉到。

撇开笑话，我们应该如何处理所有这些"经常性开支"？成本会计的发明人毫不犹豫。请记住，在20世纪初，与直接人工相比，所有这些开支都是非常少的，发明人已搞定了占主导地位的问题了，因此，他的建议很简单："根据直接工人的贡献来分摊所有这些费用。"分摊发明出来了。

他从这个数字游戏中获得了什么？他能够按产品分摊运营费用，就像拆分有效产出一样。现在，我们可以进行下一步了，因为我们是苹果加苹果。用数学公式表达就更简单了：

$$NP=\sum_p T_p-\sum_p OE_p$$

$$NP=\sum_p (T-OE)_p$$

这是一项巨大的成就，成本会计建议的"近似值"，使我们能够将一家公司按产品类别分拆为一堆堆产品。现在，我们可以针对一种产品做决定，而无须理会其他所有产品。

这项创新的威力极为强大，它令公司规模扩大，同时产品范围也扩大。有趣的是，最早采用成本会计的公司是杜邦和通用汽车。福特并没有采用，它只局限于一种主打产品。

但现在情况有点不同，技术的进步推翻了成本会计的两个基本假设，从而改变了行业。直接人工不再以生产的产品件数来支付，而是由工人履行每天上班的义务这一事实来支付。经常性开支再也不是只占运营费用的极小部分，而是比直接人工还要多。

今天，整个金融界已察觉到，成本会计不再那么适用，因此必须有因应行动。遗憾的是，他们并没有回到基本原理——财务报表的逻辑上，并在那里为这些重要业务问题找答案。相反，金融界完全陷入了妄图为已过时的解决方案续命的困境。

"成本驱动"和"基于活动的成本会计"（activity-based costing）就是这些人徒劳无功的努力的例子。很明显，我们不能再按直接人工来进行分摊了。但这些人其实还是在说："有些费用可分摊至单件产品的层面，有些可以分摊至批次层面，有些可以分摊至产品组别层面，有些可以分摊至产品大系列层面，有些则只能分摊至公司层面。"是的，你可以这样分摊，但为了什么？无论如何，我们无法在单件产品层面进行汇总，甚至在产品组别层面也不行，那么，为什么还玩这些数字游戏？

请记住，发明分摊，是为了将两个不同的细分——产品和类别——变为一个，整个流程的目的是要实现唯一的大类，从而能够拆分公司，以便我们做更好的决定。现在我们以分摊为名，大类数目没有减少，反而增加了。我们迷恋上了一种技术，却忘记了自己的目的——判断任何局部决定对账本底线的影响。

我们正处于十字路口，我们可以继续探索如何将基本衡量用于局部决定，并为成本会计无法解决的问题开发替代解决方案；或者，我们可以继续研究新整体管理哲学中的"新"内容；又或者，我们可以揭露成本会计关于"近似值"的那些说法对西方企业界所造成的损害。这三件事都很重要，三者都必须好好处理。可是，由于攻击成本会计为公司众多部门带来乐趣，那么何不先从这里入手？

8

成本会计是传统的衡量

要摆脱成本会计，困难并非来自财务部，而是来自其他部门的主管。当成本会计从业人员看到合理、可行的替代方案时，他们都会很高兴地放弃成本会计，因为他们比其他任何人都更了解成本会计的不可行已达到怎样的严重程度。

与财务主管交谈，并倾听他们的抱怨。他们会告诉你，他们只是以自己已知的唯一方式来汇编数据而已。然后，其他部门经理似乎根据这些数据做决定。如果他们对数据心存疑问，那么财务主管就会告诉他们，他们的决定其实跟财务部门汇编的数据无关。令财务人员感到特别愤怒的是，这些部门经理还胆敢拿他们的错误决定来责怪财务部门。财务主管的呼声是："给我们更好的方法吧！"不，问题肯定不在于财务部门，不想放弃成本会计的是生产、设计、采购、配销、销售等部门的经理，他们为什么如此依附这条"恐龙"呢？

解释这种现象的唯一理由是，成本会计有自身的一套术语，这些术语已变成我们所生活的世界的一部分。让我们看看分摊搞出来的数学怪物——

"产品的运营费用"吧，它肯定只是一个数学幻象。我们从未直接付钱给一件产品。尽管如此，今天我们却冠之以一个名字，我们称之为"产品成本"。

如果不再接受成本会计的"近似值"，我们就必须锲而不舍地杜绝它的术语。产品成本仅在我们接受"近似值"时才会存在。在计算公式中，利润等于有效产出减去运营费用（损益表中的惯常做法），类别成本是存在的，产品成本则不存在。试想象，如果"产品成本"一词被拿掉，会发生什么事？设计工程师将失去指导他们进入设计最后阶段的抓手。然而，"产品成本"并不是成本会计所带来的唯一术语，看看下面这个公式：

$$NP=\sum_p (T-OE)_p$$

"有效产出减去产品的运营费用"，我们称为产品的利润，这绝对只是一个数学幻象。利润只针对公司，不针对产品。这就意味着从我们认识到"近似值"已不再有效的那一刻开始，所有这些名词：产品利润、产品利润率、产品成本，都必须从我们的词汇表中拿掉。试想一下，当一个推销员发现这些名词已不在他的词汇表中时，他的表情会是怎样的。

遗憾的是，这些名词在我们的决策流程中根深蒂固，即使在那些我们可以用基本的损益表公式（不需要任何"近似值"）来更轻松、更好地做决定的场景中，我们还总是用这些名词。让我们看看众多典型例子中的两个。

欧美企业界都在使用这个公式——总有效产出减总运营费用——来报告业绩。可是，如果你挖深一点，到事业部层面、到工厂层面，那么你将发现另一机制。你会发现一种名为预算（budget）的"怪物"，什么是预算？预算只是损益表公式透过"近似值"而创造出来的东西。将单个产品的"利润"加起来就得出工厂"利润"，当然会有偏差，我们称此偏差为"方差"（variance）。我们总算自圆其说了！

这些令人尴尬的做法最终会产生什么？只要在月底的时候来工厂看看，你就会发现每个人都焦躁不安。你想找厂长？太难了！厂长与财务主管正躲在一个偏僻的房间中，试图以某种方式理顺数字。最终结果是，在完成了所有这些艰巨的工作之后，我们仍然不知道这个月工厂是赚钱还是亏本。这取决于几个月前某些费用是怎样分摊的。

用简单得多的方法计算利润，一如整个集团的利润计算方法那样，有难度吗？当然没有，这会快得多，所需的数据少得多，就是这样。那么，为什么我们要这么辛苦？就是为了获得错误的答案吗？使用"产品成本"和"产品利润"的趋势似乎是强制性的。你还能找出其他原因吗？

浪费时间和精力是唯一的损害吗？不，损害要大得多。假设你已采取正确的行动来真正改善你的工厂，然而，由方差技巧计算的损益表连续两三个月显示情况正在恶化。你可能会马上叫停你的正确行动。衡量绩效的确会大大影响你的行为。

最可悲的是看到一家小企业在企业家的带领下发展势头良好，然后，业务达到一定水平，企业不得不导入更强的财务控制。于是，企业家雇用了一位财务专家，此人曾在一家企业集团的工厂工作过。他带来了方差技巧，企业家从此失去了对企业的管控。

让我们研究一下成本会计思维被广泛运用的另一种情况（尽管损益表公式已完全足够）。假设一家公司正在考虑与引发成本会计问题完全相反的问题，不是考虑推出新产品，而是考虑应不应该放弃一些现有产品。

这种事情通常只会在公司最高层进行。首先被考虑的是哪些产品呢？应该是利润最低的产品、失败的产品、老旧产品，你是否注意到我们已经在使用成本会计的术语了？

计算是如何进行的？通常，第一个问题是："产品的有效产出是多少？"

没问题，只是销售价格减原材料价格。第二个问题当然是："生产产品需要花多少钱？"我们也想知道我们在产品上可赚取多少利润。这个问题也没有难度。在公司层面，我们只是希望了解生产产品需要花多少直接人工。12.73分钟。在公司层面，数字要准确至小数点后4位。在工厂，我们真的不知道花的是10分钟还是15分钟，但在公司层面，他们知道一切。然后，我们用人工费率将时间转换为美元，再乘以经常性开支系数（该系数是根据过去一整年或一整季的情况计算出来的），尽管我们现在尝试针对的只是部分产品而已，没关系，现在我们有了成本了。

当成本太接近有效产出时，会发生什么事？甚至更糟的情况——成本比有效产出高？停止生产和销售该产品的指令就会立即发送到工厂，工厂员工通常会反驳说："我们吃够苦头了，多米诺骨牌效应已伤害我们不止一次。今天，他们砍掉这个产品，但经常性开支不会因此减少。三个月后，公司总部的另一位'神童'又来进行同样的计算，我们又将损失另两个产品。不久，工厂将面临被关掉的威胁。"

可是，用原来的损益表公式进行正确的计算是那么容易——总有效产出减总运营费用。首先，我们必须问自己的是："如果我们放弃这个产品，将对总有效产出产生什么影响？"我们的答案跟我们销售预估的准确度有关——在现实中，没有什么是完全精确的。我们将失去该特定产品的销售额。

其次，砍掉这个产品会产生什么影响？不是指对"成本"的影响，而是指对总运营费用的影响，根据我们对运营费用的定义，这个问题基本上是在问："我们必须从生产、运输、工程、会计等部门裁掉多少人？请提供这些人的名字！"如果我们停止玩数字游戏而代以真人的话："我们将裁掉20人"，最终会缩减至6~7人。

我们将裁掉多少人？一个都没有？我们只是把这些人调到另一个部门？让我给你一个惊喜。你是否注意到，以某种方式将人员从一个部门调到另个部门，并不会影响公司的运营费用？啊？你是说他们现在在新职位上变得更有生产力吗？看，只要你对某些事情不确定，你就会马上切换用语。例如，从利润切换为生产力。你说的生产力是什么意思？有效产出会提高吗？哪个产品会提高？提高多少？如果我们说不出来，怎么可以拿这个作为论点？

砍掉某个产品，总运营费用将下降多少？我们将裁掉多少人？这是一个令人厌恶的问题，但不是一个很难回答的问题。如果有效产出下降的量少于运营费用下降的量，那么我们就砍掉该产品吧，反之，砍掉该产品将不利于公司目标的实现。

使用这个简单的计算方法，有时我们会发现，砍掉产品A或产品B，都是没有意义的，但将A和B一起砍掉，却是很有意义的。关于人的方面，我们不可能裁掉半个人，我们可以裁掉一个个完整的人。现在是时候意识到，以传统的"产品成本"方式，我们正在尝试"节省"一台机器的7%，以及"裁掉"一名工人的30%，现在是时候回到现实了。

就是因为那种奇怪的计算方式，在过去几十年中有多少美国企业已消失（转到墨西哥或菲律宾）？即使今天，由于这种逻辑，企业集团将产品从一家工厂转移到另一家工厂。

"在这家工厂生产该产品，经常性开支太高了，我们把它转移到另一家工厂。"

"你打算在工厂A裁员吗？""当然不！我们跟工会有长期协议。""那么，工厂B呢？""噢，在那边，我们将不得不聘用一些人，但这些人都是廉价劳工。"

"产品成本""产品利润率""产品利润"，已成为工业企业的基本语言。成本会计几乎迫使整个企业的类别变成一个"产品"类别。上面的示例指出了我们正在犯的一些错误，以及任何敢于运用直觉或常识的经理将面对的"斗争"。巨大的冲击将波及整个企业的方方面面。总结本章的最佳方法，也许是重复索尼前总裁盛田昭夫所著的《日本制造》中的一个小故事。

当时索尼还只是一家小公司，一家拥有150家连锁店的美国公司向索尼下了一笔大订单。美国公司希望盛田昭夫给出数量为5000件、10000件、30000件、50000件和100000件的报价单。经过深思熟虑后，盛田昭夫拟出了一份报价单。要明白他的报价单，最好的方法是读一读他的那本书。这家美国公司的采购经理在收到报价单后说："盛田昭夫先生，我当采购经理近30年了，你是第一个告诉我，我买得越多，每件产品的价格就越高。这不合逻辑呀。"这是成本会计对损益原理的一个典型反应。

9 新衡量的重要性排名

让我们回顾一下我们所处的位置。我们仍在尝试寻找促使我们的直觉选取"新的整体管理哲学"这个非常苛刻的称谓的原因。我们阐明了何谓目标（至少就一般企业而言），而我们找不到任何新的东西。然后，我们进入了棘手的衡量主题，只是意识到即使这个主题需要进行一些清理，但基本上没有什么新意。有效产出、库存和运营费用在新运动出现之前，就已广为人知并被运用。

我们仍然抓住的唯一锚点、唯一暗示，就是成本会计的无效性。也许我们看待衡量的方式被扭曲了。难道所谓的"新"不是指衡量本身，而是指衡量的重要性排名吗？是否有任何常规的重要性排名？当然，这肯定还没有被正式表述过，但实际上有没有这样的常规排名呢？让我们尝试系统地探索一下。

正如我们已说过很多次的，终审法官是利润和投资回报率。有效产出和运营费用对利润和投资回报率都有影响，而库存仅影响投资回报率，这会很自然地将有效产出和运营费用置于比库存更重要的位置，有效产出和运营费用之间的关系是怎样的呢？乍一看，两者似乎同等重要，因为账本底线受两者之间的差异影响。但真相并非如此，我们习惯于更看重比较有形的事物。让我们提醒自己一下，在传统的管理思维中，运营费用被认为比有效产出更有形。有效产出取决于我们不能控制的外部因素——我们的客户和我们的市场。众所周知，运营费用在我们的控制之下。因此，我们的自然倾向是在重要性排名上将运营费用置于有效产出之前。

在评估传统的重要性排名时，我们必须小心，不要受20世纪80年代的那股变革之风影响。在现阶段，不要因为我们的直觉信念（有效产出占主导地位）在过去五年间得以强化，就让自己去扭曲对传统的重要性排名的分析，特别是现在，当我们必须勇敢地面对现实时。

在任何公司中，最主要的衡量并非账本底线衡量。账本底线衡量仅在组织最高层中占主导地位。从金字塔顶端向下走，衡量就被迅速分解为越来越多的成本会计类型的衡量。什么是"成本"？它只是运营费用的同义词。因此，所有成本程序都旨在为一切影响运营费用的行动赋予价值。结果，对有效产出起主导作用的行动就被归类为无形的。

例如，看看那些对改善客户服务或缩短生产所需时间有重大影响的行动，这些行动被领导层大力鼓吹，被认为极其重要。可是，如果我们想投资设备以达到以上这些效果，而这些设备不能同时降低成本，那么中层管理人员将处于非常尴尬的境地。当填写所需设备的拨款申请时，他们就不得不选"无形"作为申请的理由。我们已了解到，无形肯定不等同于不重要。无形二字只是表示我们还无法用具体的数字来表示其价值。成本会计把无形二字强加在任何旨在增加"未来"有效产出的行动上。在有效产出方面，"成本"（几乎是运营费用的同义词）完全是盲目的。

尽管管理层做出了努力，运营费用仍被认为比有效产出更有形，它被放在重要性排名的第一位，有效产出排在之后。只需看看公司向银行和其他贷方提交的业务恢复计划必须包括什么，你就会明白，削减——大幅降低运营费用——是强制性的。

那么库存又如何呢？由于产品增值的不当概念，减少库存会损害（而不是提高）账本底线，库存在重要性排名上只排在第三位。传统的重要性排名为：运营费用第一，有效产出第二，库存第三。对于那些新运动来说，这个排名就像斗牛场中斗牛眼中的那块大红布，它们全力攻击及谴责传统的重要性排名。

让我们说明一下JIT、TOC和TQM所推荐的衡量的重要性排名。这三项新运动有一个共同的基调，跟其中任何一项运动的粉丝交谈，你总会听到同一句话："持续改善流程"。事实上，我们早就应该将此作为座右铭。请记住，公司的目标不仅是赚钱，还在于无论现在还是将来都要赚更多的钱。持续改善流程直接源于目标的定义。

如果我们追求的是持续改善流程，那么有效产出、库存或运营费用的三条途径中哪一条比较有潜力？我们只需要思考一分钟，答案就已非常清楚。无论我们如何极力削减库存和运营费用，两者都只能为持续改善提供有限的贡献。两者都受到最小值为零的限制。

另一个衡量——有效产出——与此不同。我们努力增加有效产出，有效产出没有任何内在的限制。有效产出必须成为持续改善流程的基石，它必须在重要性排名中排在第一位。

那么，库存和运营费用又如何呢？这两者中哪一个更重要？乍一看，我们先前的分析是完美无瑕的，运营费用影响两个账本底线衡量，而库存仅直接影响其中一个。但这不可能是决定性的论据，因为我们对两个"终审法官"（利润和投资回报率）的挑选是随意的。如果我们挑选了另一对——生产力和库存转数，那么，论据有可能变得完全无效。

　　将运营费用置于库存之前，此举的基本缺陷在于，我们仅考虑库存的直接影响，而不考虑库存的间接影响。传统的知识体系完全聚焦于运营费用，因此仅着眼于库存的间接渠道——库存通过运营费用影响账本底线的方式。如果你讲的是库存中的机器，间接渠道就是折旧；如果你讲的是库存中的物料，间接渠道就是库存的持有成本。

　　三项新运动都已认识到另一个重要得多的间接渠道的存在——库存（尤其是与时间相关的部分）影响未来有效产出的方式。在《竞赛》（*The Race*）一书中，罗伯特·福克斯和我用了30多页的篇幅专门介绍库存，以描述和证明这个间接渠道的存在。《竞赛》清晰地表明，库存几乎决定了公司未来在市场上的竞争力。事实证明，间接影响是如此重要，以至于所有三项运动都将库存放在重要性排名的第二位，运营费用则紧随其后。

　　因此，新的重要性排名与传统的重要性排名完全不同，有效产出第一，库存第二，运营费用从第一位下跌至第三位。

　　这个新的重要性排名对管理层所做的每个决定的影响都是惊人的，在传统的重要性排名下许多看来合情合理的行动，在新的视角下却变得很荒谬。这就是为什么所有三项运动都竭尽全力去宣扬似乎只是常识的琐碎事情。

　　TOC一遍又一遍地指出："局部效益加起来并不等于整体效益。"TQM提醒我们："正确地做事还不够，更重要的是做正确的事。"JIT在它的旗帜上标明："不要干不需要的事。"

10 范式转移

当我们将运营费用从高位上拉下来，改由有效产出顶上时，组织实际发生了什么？我们现在才开始觉察到，这项改变的幅度有多大。先前，我们将组织视为一个由"自变量"组成的系统，现在要切换至一个由"因变量"组成的系统，这是任何科学家能够想象得到的最大转变。

让我们试着消化一下，拨开那些科学说辞的"魅力"。问问自己："公司中有多少个运营费用出口？"每个工人就是一个出口，每个工程师、推销员、文员或经理都是运营费用的出口。每堆废料、每个消耗能源的地方都是运营费用的出口。在这样的一个世界中，几乎所有事情都重要。这就是"成本世界"。

当然，并非所有事情都同等重要。有些事情比其他事情更重要。即使在成本世界中，我们也认识到了帕雷托原理（Pareto Principle），即80/20法则，20%的变量导致了80%的结果。然而，只有当我们处理"自变量"系统时，80/20法则在统计上才是正确的。"成本世界"给人的感觉是，我们的组织实际上是这样的一个系统——运营费用的出口是各不相连的，钱从许多个大大小小的孔流出去。

现在，让我们看看，当有效产出占主导地位时，情况会怎样。许多部门必须同步执行许多任务，直至实现销售，直至获得有效产出。"有效产出世界"是"因变量"的世界。

在有效产出世界中，甚至必须以完全不同的方式来理解帕雷托原理。它不再是80/20法则，它更接近99.9/0.1法则。一小部分变量（0.1%）决定了99.9%的结果。看来很奇怪吧？几乎不可思议吧？你只需提醒一下自己一直以来已知道的。我们正面对一条由一个个环组成的行动"环链"。环链的表现是由什么来决定的？"环链的强度取决于其最弱的一环的强度"，一条环链有多少个最弱的环？只要统计波动令环链的所有环无法完全相同，环链中就只有一个最弱的环。

最弱的环——限制环链的整体强度（表现）的环，这个概念应怎样称呼最恰当？一个非常合适的名称是制约因素。一家公司有多少个制约因素？这要看有多少条独立的环链。不可能很多。不仅产品会构成环链，将不同的资源结合在一起，资源也可构成环链，将不同的产品结合在一起。

在我们的组织中，恰当的比喻应该是网格，而不是环链。无论如何，变量之间存在大量互动。这些互动，再加上统计波动，是每个组织中几乎占主导地位的重要因素，这就令组织无法出现许多制约因素。在现实生活中，99.9/0.1可能被低估了。

在有效产出世界中，是否大多数经理通过聚焦步骤来实施管理？遗憾的是，答案肯定不是。他们中的大多数人抱怨说，他们必须花费超过50%的时间来"灭火"。他们当然是"成本世界"的经理，一切（或一切的至少20%）都是重要的。他们的注意力被分散在太多看似同样重要的问题上。

有些经理甚至抱怨，他们觉得自己好像漂浮在一个充满乒乓球的游泳池中，而他们必须设法把所有乒乓球都压在水下。如果所有乒乓球都必须被压在水下，如果一切都重要，那么这些经理还没有完全领悟"有效产出世界"这个概念。

JIT和TQM在促进所需改革方面无济于事。是的，它们非常积极地迫使管理层采纳新的重要性排名，但它们并没有做很多事情来帮助管理层改变自己的管理风格，以因应新的重要性排名。

TQM意识到有效产出非常重要。TQM改变了管理层对必须采取的行动的认识。如果没有TQM，那么那些对提高未来的有效产出至关重要的课题，如客户服务和产品质量，就不会像现在这样成为组织的首要任务。

如果没有JIT，库存仍将被视为资产。缩短生产提前期、减少批次、缩短转换时间、改善预防性维护，这些事情的重要性仍将被忽视；所有导致对市场做出更快反应的动作，所有对保证未来的有效产出至关重要的动作，都不会在董事会会议上被提及。

TQM和JIT都没有意识到"有效产出世界"所导致的后果——由于我们认识到我们面对的是一个"交互式变量"的环境，因此我们必须"聚焦"。遵照产品设计规范的每个细节怎么可能是至关重要的（尤其是当没人知道推定的公差是否存在时）？缩短所有机器的转换时间怎么可能是至关重要的？所有资源都有最高的可靠性怎么可能是至关重要的？这些概念都是从先前的"成本世界"思维中被错误地引申出来的。

今天的情况很糟糕。一方面，我们已意识到需要进行大的改变；另一方面，没有相关聚焦流程引导我们。局面似乎开始变为，许多公司觉得"月末综合征"不够刺激，还要加上只能被称为"月初改善项目"的东西才舒服。

成本会计又如何？成本会计"激怒"了TQM，因为为增加非常重要的有效产出而进行的提高质量的投资，竟然要通过绝非那么重要的成本方面的考虑来证明是合理的。TQM解决问题的方法只是将财务衡量丢到一旁，并高喊"质量是首要任务"。

JIT做的基本上也是同样的事。当我遇到看板（丰田汽车的JIT系统）的发明人大野耐一博士时，他告诉我，他一生都在与成本会计奋力抗争。"仅仅从工厂中赶走成本会计师是不够的，问题是，必须从我的员工的脑子中赶走成本会计。"

我们必须探索由全新认知所带来的后果，在这种认知中，只有极少的事情是真正重要的。从"成本世界"到"有效产出世界"的转换必须改革什么？在改革之前，请别忘记我们尚未解决的大问题——只要我们公司的目标是现在和将来都赚钱，财务衡量就必不可少，没有财务衡量，我们寸步难行。踢走成本会计，我们就无法通过定量的方式来判断许多类型的决定。这就为非财务衡量打开了大门，非财务衡量开始被应用。

JIT对此置之不理，这是不对的，TQM更离谱，它鼓励非财务衡量。请记住，经营一家组织的基本功是能够判断局部决定对账本底线的影响。尝试使用三个或更多个非财务衡量进行衡量，你基本上已失去了控制权。非财务衡量等同于无政府状态，你根本无法比较苹果、橙子与香蕉，也无法将非财务衡量和账本底线联系起来！组织目标是赚钱，根据这个定义，每项衡量都必须以元为单位。

我们要提醒自己，我们谴责成本会计所带来的解决方案，此举可能非常重要，但这并没有带来方案去解决问题。原来的问题仍然存在。我们如何判断建议的决定所带来的影响？比如，我们如何判断应否推出某个新产品？这将对账本底线产生什么影响？

让我们尝试解决这个问题吧。假设我们正在处理当一切都过剩时推出新产品的问题。过剩的市场、过剩的客户、过剩的资源，在这种情况下，推出新产品将对其他产品的销售产生什么影响？没有任何影响。

新产品的推出将对运营费用产生什么影响？在上述情况下，没有影响，如果我们拥有的每种资源（员工技能）都过剩的话。

什么时候新产品的推出才会对其他事物产生影响？当一切都处于短缺状态的时候。如果我们的市场不够大，新产品只针对同一批客户或只能满足我们其他产品所满足的相同需求，那么我们可预料其他产品的销售一定会受损。

如果新产品需要的资源没有足够的产能，那么我们可以向市场提供该产品的唯一方法，是减少其他产品的供应，或者通过增加投资和运营费用来提高该资源的产能。

总而言之，我们唯一真正面临问题的时候，唯一推出新产品确实对其他事物产生影响的时候，就是当我们需要的东西不足够时。我们需要的东西不足够，以至于限制了整个公司的业绩，我们给那些东西起一个什么样的恰当名字？制约因素。再一次，同一个词。

在"有效产出世界"，制约因素至关重要，它取代了产品在"成本世界"中所发挥的角色。看来，似乎继续探索"有效产出世界"，也可以解决以什么来取代成本会计的问题。

11

制定有效产出世界的决策流程

"聚焦所有事物，等同于其实你并没有聚焦任何事物。"聚焦是指"在我的责任范围内，我负责的区域很大，我选择将我的大部分注意力集中于该范围的一小部分上"。将注意力平均分配到该范围的所有部分，就意味着没有集中，也就是没有聚焦。

在"成本世界"中，聚焦是很难办到的。充其量，我们只聚焦于相当多的细节中。在"有效产出世界"中，情况就不是这样的。第一步应该做什么？我们应该将注意力集中在哪里？这很明显，不是吗？在最弱的环上（在制约因素上），它决定了公司的整体表现。

鉴于上述情况，你建议第一步做什么？是的，很明显，我们必须首先找出系统的制约因素。

在任何情况下，我们都可以保证找到一些东西吗？换句话说，每个系统必须至少有一个制约因素吗？如果我们用不同的字眼来问同样的问题，答案可能会更清晰——你是否见过任何公司是没有制约因素的？直观的答案很明显——从未见过。在任何一条环链中，都必然有一个最弱的环。接下来，让我们尝试进一步证实一下。如果有一家公司没有制约因素，那是什么意思？意思是没有任何东西可以限制这家公司的表现。公司的表现必然会怎样？它的利润和投资回报率必然会怎样？无限。你是否见过或听说过一家拥有无限利润的公司？

结论很明显：一方面，每个系统必然有最少一个制约因素；另一方面，每个系统的制约因素实际上都必然是非常少的。因此，TOC聚焦流程的第一步是很直观的。

1. 找出系统的制约因素

寻找制约因素意味着我们已经对制约因素对整体表现的影响程度有了一定的了解。否则，我们的制约因素清单可能也包括大量无聊琐事。

根据制约因素的影响来对它们进行优先顺序排列，这点很重要吗？未必。首先，请记得，在这个阶段，我们还没有精确的优先顺序。其次，要记得的是，制约因素的数量非常少。无论如何，我们都必须处理它们，因此不要浪费时间做无用的事，找出制约因素，这才是最重要的。

下一步应该是什么？我们刚刚找出了制约因素。我们找出了哪些点、哪些东西是我们所欠缺的，它们限制了系统的整体表现。我们应该如何管理它们？

本能的反应是，移除它们。但你和我都知道，移除制约因素有时候是很花时间的。例如，如果制约因素是市场，打破这个制约因素可能需要几个月甚至一年的时间。又或者，如果制约因素是一台机器，而我们决定购买另一台机器，交货时间可能超过六个月。在这期间我们干什么？坐着，什么都不干吗？这似乎不是第二步内容的好建议。

我们应该如何管理制约因素（我们缺的东西）？起码不要浪费它们。我们必须从它们身上榨取最多，一点一滴都要珍惜。因此，以比较文雅的方式说，TOC聚焦流程的第二步就是"确定如何挖尽制约因素的潜能"。

2. 确定如何挖尽制约因素的潜能

挖尽，就是从制约因素身上榨取最多，我特意选择了一个带有轻微负面含义的词。要挖尽，无论花多少功夫。我们要明白一些事情——我不相信在一家亏损的公司，我们会有就业保障。在一家亏损的公司，无论最高管理层怎么说，就业保障一定受到威胁。制约因素限制着公司的整体表现。公司每个人的就业保障取决于公司的整体表现。不要手软，从制约因素身上榨取最多。

假设制约因素是市场，我们有足够的产能，但没有足够的订单，那么挖尽制约因素的潜能就是指100%准时交货。不是99%，而是100%！如果市场是制约因素，那就要挖尽，不要浪费点滴。

好，我们现在已决定了怎样管理制约因素。公司的绝大部分资源（按定义，这些都是非制约因素）又怎样管理呢？我们应该对它们置之不理吗？它们的正常运作很快就会中止，它们的实际可得性将下降，甚至低至令它们本身也成为制约因素，我们应该如何管理它们呢？

答案是显而易见的。在第一步中，我们决定了一项行动，该行动将令我们在当前情况下获得最大效益，但要做到这一点，制约因素总需要消耗一些资源。如果非制约因素不能提供制约因素所消耗的资源，那么上述决定就是纸上谈兵，永远无法执行。

我们应该鼓励非制约因素提供超过制约因素需要消耗的资源吗？这帮不了任何人，相反，还会制造麻烦。因此，非制约因素应该提供制约因素需要消耗的所有资源，但不能多。接下来是TOC聚焦流程的第三步。

3. 其他一切迁就以上决定

在现阶段，我们已能管理好现状，这是最后一步了吗？当然不是，制约因素并不是从天上掉下来的，我们可以对它们做点什么。现在是时候做我们之前一直想做的事了。让我们为制约因素松绑。如果我们拥有的不足够，这并不意味着我们不能添加。下一步是显而易见的。

4. 为制约因素松绑

松绑的意思是"解除限制"。这是第四步，不是第二步。很多次，我们看到每个人都在抱怨一个巨大的制约因素，当他们执行第二步（挖尽）时，即不要浪费他们已有的，却发现他们拥有的远非不足够。因此，我们不要急于批准转外包或发起一项广告攻势等，当第二步和第三步完成而制约因素仍然存在时，再开始第四步吧——除非情况一早已非常清晰，制约因素与其他因素完全不成比例。

到了第四步，我们还处理了推动公司前进的问题。我们可以就在这里停下来，还是必须加上第五步？答案很明显。如果我们为制约因素松绑了，如果我们添加了越来越多先前短缺的东西，最终我们会发觉，我们拥有的已足够。制约因素被打破了，公司的表现将提高，但会跳升到无限吗？很明显，不会，整个公司的业绩将受到其他因素限制，制约因素转移了，因此，第五步是"如果在先前的步骤中制约因素已被打破，就回到步骤1"。

5. 如果在先前的步骤中制约因素已被打破，就回到步骤1

但这不是第五步的全部内容。我们必须添加一项严重警告。你看到了，制约因素会影响公司中不少资源的行为，它们必须迁就制约因素，从而令公司绩效达到最高水平。因此，根据制约因素的位置，公司订立了不少规则——有些是正式的，很多都是直观地得出的。现在制约因素已被打破了。事实证明，在大多数情况下，我们懒得回头去检视那些规则，它们仍在那里。现在，政策制约因素冒出头来了。因此，第五步必须被改写。

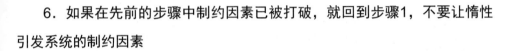

6．如果在先前的步骤中制约因素已被打破，就回到步骤1，不要让惰性引发系统的制约因素

我不能夸大这项警告的严重性。在我分析过的大多数公司中，我都没有找到实体性的制约因素，我找到的是政策制约因素。我从未见过一家公司的制约因素真的是市场，我却见过许多公司有营销政策制约因素。我很少看到一家公司有真正的产能制约因素——一个真正的瓶颈，但我经常看到许多公司有生产和物流政策制约因素。顺带一提，这就是《目标》中的例子，到底锅炉是不是产能制约因素呢？罗哥买新锅炉了吗？没有，他只是改变了一些内部的生产和物流政策，不久，产能就跑出来了。

除了两种情况，我没有看到过真正的供应商制约因素，尽管大多数公司都抱怨供应商，我却看见过毁灭性的采购政策制约因素。

十分重要的是，每当我们深入探讨这些别扭的政策的来由时（说实话，有时候我们几乎都要进行考古式的挖掘才能有所收获），我们发现，这些政策在大约30年前出台时都是非常合理的。现在出台这些政策的因由已不复存在，但政策仍然在那里，不动如山。

TOC聚焦五步骤是直观且简单的聚焦流程。每个人其实一直都知晓，这一点都不奇怪。我们的直觉来自我们在现实世界中的经历，而我们的现实世界就是有效产出世界。然而，管理人员真的使用上述这五个步骤吗？在紧急情况下，也许使用过。不过，在其他情况下呢？"成本世界"的影响力太大了。尽管我们有着清晰的常识直觉，但我们的行动仍受常规的"成本世界"流程所左右，而不是由"有效产出世界"直接、显而易见的TOC聚焦五步骤来指导。

12

缺少的一环是什么

大家听取了我的建议，花了数小时和数十页来查看新整体管理哲学的新意，很好，但这又如何？似乎我们还没有朝着真正的问题迈出一小步——我们怎样设计一个信息系统？

因此，让我们"绕道而行"，回到问题的核心。让我们从一个问题开始，即每个经理通常都声称由于缺乏信息而无法回答的那个问题。

公司的目标是现在和将来都赚钱。公司在下一季将获得多少利润？这不是其中一个较重要的问题吗？不，我们不要瞎猜，我们要精确的答案，比如，精确至正负0.02元。我们能够回答这个问题吗？通常的反应是：不能，信息不够。

是什么阻挡着我们，令我们无法准确回答我们可在下一季赚多少利润？很多东西。例如，我们不知道我们的销售预估有多可靠。我们的确定订单并非完全确定。我们的客户往往随时改变主意。我们怎么办？到法院起诉他们？

但是，问题不仅仅在于营销信息，我们内部可能还会遇到许多问题。没有人能保证一台机器永远不出故障——我们可以保证机器一定会出故障，问题是哪台机器会出故障、何时会出故障，以及故障会持续多久。我们的供应商并不完全可靠，很多时候他们延迟发货，或者发来了错误的数量，有时整批货到手了，但发现全都是坏的。我们的员工并非绝对可靠，我不知道你的情况怎样，我们就存在缺勤问题。我们有报废，部分是由于流程，部分是由于我们的员工。我们的工头并非完全遵守纪律——我们告诉他们怎样做，他们却认为自己的做法更高明。这张清单越开越长，都涉及信息短缺吗？听起来更像一张投诉清单：

- 客户随时改变主意。
- 供应商不可靠。
- 生产流程不可靠。
- 机器不可靠。
- 员工没有得到充分培训。
- 管理者不遵守纪律。

从这张清单上可以看出，有些事情开始真的困扰我们。我们都知道借口有什么特征，其中之一是，"这都是别人的错"。你有没有注意到清单上的事项有什么共同点？"其他人需要为此负责"：客户、供应商、机器维修商、员工。我们本身是完美的，受责怪的应该是他们。你也觉得可疑了吧？

"公司下一季会赚多少利润？"以上就是我们无法回答这个问题的原因清单。又或者，这真的只是一张借口清单吗？这个问题非常重要，因为当查看这张清单时，我们会发现它是一个很好的总结，它总结了我们在改善公司上所付出的努力。

我们正在努力改善我们的销售预估；为改善跟客户的关系，我们付出了巨大的努力；我们有一个非常广泛的计划，被称为"供应商计划"；至于我们的机器，我们已积极地进行了预防性维护，并大力投资新设备，以提高机器的可靠性；关于流程，我们正培训和再培训每位员工掌握SPC方法，等等。

如果这张清单仅仅是借口清单，而不是我们真正想要的东西，那么我们将面临两个大问题，而不仅仅是一个。第一个问题是，我们以缺乏信息为借口，信息不足的原因可能是我们还没有准确地定义何谓信息；第二个问题是，公司采取过各种各样的方法进行改善，可能全都是错的，我们如何验证呢？

也许最好的方法是再次进行格敦根实验。让我们假设我们当前的改善努力空前成功，远超我们最疯狂的梦想。假设我们针对清单上每一项都取得了惊人的成绩。清单上的所有问题现在都不在我们的工厂发生。我们现在拥有一间所谓的完美工厂，一切都是固定的，每一项数据都是我们清楚知道的。是否可以说我们有了足够的"信息"？我们是否确切知道公司下一季将获得多少利润？

让我们描述一下我们完美的工厂。让我们给出某些人可能认为需要的数据。在我们的工厂中，我们合理化了产品组合，因此我们只有两种产品；我们称它们为P和Q。这些都是非常好的产品，我们的员工队伍也受过良好的培训，可以生产它们，缺陷率是零——不是百万分之一，是零。

这两种产品的售价都是固定的。我们已克服了每个推销员向不同客户随便报价的恶习，他们现在的纪律性是很不错的。你能想象这样的世界吗？产品P的售价是90元一件，产品Q是100元一件。

销售预估又怎样呢？在这里，一个大大的惊喜在等着你。预估再也不是推测，而是准确至每一单件。我称这里的销售预估为"市场潜力"。P的市场潜力为每周100件，而Q的市场潜力为每周50件。让我们澄清一下市场潜力是什么意思。这其实不是我们承诺提供的，我们的能力是那么强，我们根本不需要做出什么承诺。这些数字代表了市场打算向我们购买多少，我们就提供多少。当然，产品P每周有100件的市场潜力，这就意味着，如果我们每周生产P超过100件，那么我们将被多出的成品卡住。

现在，让我们看一下工程数据。产品P由一个外来零件和两个我们内部制造的零件装配而成。我们制造的每个零件都是通过两个不同的流程由原料加工而成的（见图1）。

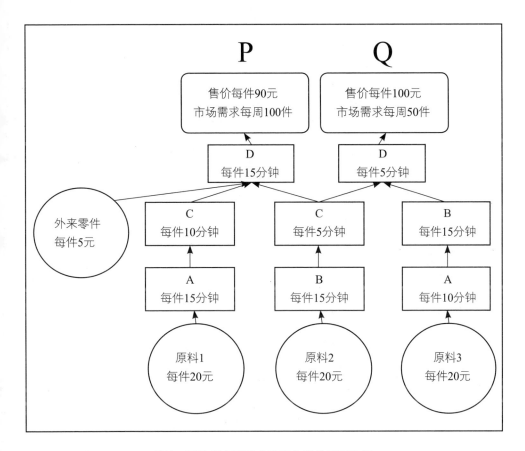

图1　剔除所有不确定因素之后的工程数据

请注意，这个图形结构也可用来描述不同的环境。例如，产品设计的布局、项目，甚至决策程序——它们看起来都是一样的。但我们必须坚持统一的特定术语，否则就很难把意思阐述清楚，但这并不意味着我们讲的只局限于生产环境。其实我们在这里要描述的情况是"利用资源来完成各种任务，从而达到预定的目标"。我们必须有一些数字数据。这就难免使用一些具体的术语，请不要忘记，以下是一个非常普遍的情况的范例。

假设外来零件的买入价是每件5元，而图1最下方的三个原料都是每件20元。图1左下方的原料1通过A开始其"旅程"。A可以是A类工程师、仓库的A区、区域A的推销员，或A级经理……在这个实验中，我们讲的是生产环境，那么我们就用具有技能A的工人的术语吧。假设工人A要花15分钟来处理一件。当然，如果我们所处的是流水作业环境，那么术语就变为每小时多少件；如果我们所处的是工程环境，那么术语就变为多少天或多少周。环境决定术语，这里我们用的术语是每件多少分钟。

原料2的第一道工序是由另一类工人（具有技能B的工人）完成的，每件所耗时间也是15分钟。图1中左和中两条路线的第二道工序都用同一名工人（具有技能C的工人）。左边的工序每件需要10分钟，中间的每件需要5分钟。当然，这意味着工人C不仅致力于一种零件的生产，他还是一名多能工。你的公司有多能工吗？不敢肯定？你们进行转换吗？如果有，你的公司就一定有多能工。在我们这个实验中，转换时间是零。我们干得如此出色，以至于能够将所有转换时间减少至零——不是一秒，而是零。

装配由工人D完成，每件需要15分钟。以上就是产品P的全部数据。现在，让我们描述一下产品Q吧。

产品Q仅由两个零件装配而成。由于我们懂得成组技术，我们可简化生产流程设计，因此Q将由P的第二个零件，以及图1的右方路线所生产的零件装配而成（见图1）。当然，这将使中间的零件成为P和Q的共用零件，这在工业界是很普通的情况。不过，让我们澄清一下。为了交付一件P和一件Q，中间零件就需要有两件。我们为什么要强调这点？例如，在设计工程中，同一张图意味着我们只需要设计中间零件一次，即使P和Q在设计上都需要它。

实际环境影响我们对流程图的理解。

现在，让我们继续讲解Q的数据。图1中右方零件的原料价格与其他两个零件的价格相同，每件20元。图1右方路线的第一道工序，是由执行图1左方路线第一道工序的同一个工人A完成的。（我们已在工厂启动了一项广泛的交叉培训"工作多样化计划"。）第一道工序处理一件零件需要10分钟。右方零件的第二道工序是由工人B完成的（工人B就是负责中间零件第一道工序的工人），一件需时15分钟。装配由工人D完成，一件需时5分钟。

在我们的工厂中，有四位具有不同技能的工人，即A、B、C和D。即使我们进行了广泛的交叉培训，我们仍然需要把人分为四类。我不相信我们能令每个人都变得万能。我们在哪里可以找到一个天才，能够说服总工程师跑到另一个部门去扫地？因此，即使在我们这么理想的工厂中，我们仍然有必要将工人以技能分类。每个可被培训做更多工作的人，都已接受过交叉培训了。我们不要陷入以为一种技能就能做所有事的陷阱。

现在的问题是："每种技能，我们有多少工人？"我们会将问题简单化，我们不会说："第一班有17名具有A技能的工人，但第二班只有12名，而在星期六，具有B技能的工人（如果获发额外的27.945%工资补偿的话）可以干更多的事。"公司结构很简单，在我们的工厂中，我们只有一名A工人、一名B工人、一名C工人和一名D工人，并且他们之间是不可互换的。B不能做A的工作，A也不能做B的工作。

这些工人在工厂可以工作多长时间？让我们再次考虑最简单的方式吧，假设每个工人每周工作5天，每天8小时，每小时60分钟，每周就是2400分钟。你是否注意到？这里没有旷工这回事儿，工人甚至不上厕所。

还缺什么？运营费用。假设工厂的总运营费用为每周6000元。也许应该在这里提醒大家，运营费用其实是指什么？6000元包括工人的薪水及福利、工头的薪水、公司推销员和管理人员的薪水，以及我们支付给电力公司的电费、付给银行的利息。所有这些都包含在6000元中，但不包括什么呢？

让我们重复一遍，不包括的是我们付给供应商的原料和零件的钱。这部分钱不是运营费用，而是库存。如果我们想生产并销售产品，我们首先不得不购买原料。我们为此要付多少钱？这取决于我们购买的数量。每件原料的价格在图1中已标明。但请记住，这些钱不包括在6000元之内。

一切数据都给你了，一切都是非常精确的。没有借口。那么，让我们重复最初的问题。其实并不完全是重复——由于我们讲的都是以周为单位，那么就让我们用以下方式重新表达一次："公司每周可赚取的最大利润是多少？"我们已有了所有数据，都是可用的、准确的。我们有回答这个管理问题所需的信息了吗？

我强烈建议，在继续阅读之前，你花点儿时间尝试自行解答这个"P&Q"小测验。你将发现，我们直觉上称为"信息"的事物，与这两个字通常所指的有很大的不同。

13 展示成本世界与有效产出世界之间的差异

在过去的两年中，我有机会向一万名管理人员展示上述"P&Q"小测验。结果的确惊人，平均只有1%的人能正确解答。这还不是最有趣之处，更重要的是大多数管理人员解决这个问题的方式。

他们中的大多数人都遵循系统性的做法。根据利润的定义（有效产出减去运营费用），他们一收到问题，就立即着手计算还缺少的一块——有效产出。让我们跟随他们的计算步骤看看。

有效产出是通过销售产品得到的。让我们从产品P开始。每周可以卖出多少？100件。对于每个产品，客户都愿意支付90元。可是，如果仅将销量和价格相乘，所得只是销售额而不是有效产出。为了计算有效产出，我们必须从售价中减去付给供应商的钱，如果是产品P，我们付了45元，因此，P的有效产出是：

$$100 \times (90-45) = 4500（元）$$

现在让我们为Q做同样的计算。每周可售出Q50件，每件售价100元，每件必须向供应商支付40元，产品Q的有效产出是：

$$50 \times（100-40）=3000（元）$$

公司的总有效产出是各个产品的有效产出之和，总计为7500（4500+3000）元。但这不是利润，为了计算利润，我们必须减去运营费用6000元（至于付给供应商的钱，我们已扣除了）。那么，公司每周可赚取的利润是：

$$7500-6000=1500（元）$$

非常简单，也错得非常离谱。令人惊讶的是，这竟然是最常见的答案。人们依从的不是自己的直觉，而是他们以往接受过的培训。面对任何系统，第一件事应该做什么？我们之前已认识到了——找出系统的制约因素，如果你没有做这一步，任何计算都是徒劳的。

在以上计算中，我们假设市场是唯一的制约因素。理由何在？你能肯定公司内部没有制约因素吗？在公司内，肯定有制约因素，你很可能已察觉到了。虽然如此，还是让我们系统性地（"系统性地"不一定意味着正确）探索一下吧。在这里，我们将使用一些数字——数据——来找出制约因素。在现实生活中，我们必须意识到数据通常都是无效的。

每位MRP（Material Resources Planning，物料资源计划）专家都知道，如果你想知道处理一个零件所需要的时间，最好是去找工头，而不是找工程师。工头很可能欺骗你，概率大概是30%，但你确切地知道他在哪里欺骗了你。工程师欺骗你的概率可能是200%，你却完全不知道他在哪里欺骗了你！任何有价值的信息系统，都必须包含能得出有用信息的极少量数据。数据必须经过仔细验证。如果我们没有这样做，我们将不得不费劲地查看海量数据的有效性。成千上万家公司已发现这是一件吃力不讨好的事。在过去的20年，我们付出了大量时间和精力才领悟到这一点，别忽视它。

在这个小测验中，我们已指出数据是完全准确的，我们可以继续前行。

我们要做的是找出内部是否存在实体性制约因素。可能还有另一种类型的制约因素，即政策制约因素，但我们无法通过数据找到它们。要直接找到政策制约因素，我们需要有科学的方法——果—因—果（effect-cause-effect）法。政策制约因素不在信息系统的范围内，因此每个信息系统都必须大胆地假设"没有政策制约因素"。

要找出内部资源制约因素，我们只需要将每项资源预计将承受的负荷与资源能提供的产能做比较便行。就图1中的资源A来说，产品P在资源A上施加的负荷为100件乘以每件15分钟，即1500分钟；产品Q在资源A上施加了50件乘以10分钟的额外负荷，即500分钟。这就令总负荷变为每周2000分钟，而资源A每周有2400分钟可用。资源A不存在问题。

资源B：产品P每周在资源B上施加的负荷为100件乘以每件15分钟，即1500分钟；产品Q在资源B上施加的负荷是50件乘以30（15 + 15 ）分钟（是的，只有30分钟，因为我们已说过转换时间为零），即1500分钟。施加在资源B上的总负荷就是每周3000分钟，远远超过可用的2400分钟。公司肯定存在资源制约因素。

对资源C和资源D进行相同的计算，得出总负荷都是每周1750分钟，没有问题。资源B是唯一的资源制约因素，它已被凸显了出来，与实际存在的瓶颈完全一致。

现在，我们面临一个决定。显然，我们无法满足整个市场需求——资源B没有足够的产能。因此，我们必须决定为市场提供哪个产品以及提供多少。大多数参加这项"P&Q"小测验的管理人员的思路是：既然不能满足整个市场，那就让我们生产最赚钱的那个产品，即星级产品。如果我们还有剩余产能，就用来生产瘦狗产品。这么说有道理。

到底哪个产品最赚钱？让我们从多个角度来看这个问题。首先，让我们看一下售价。P的售价为每件90元，Q的售价为每件100元，如果仅考虑这一点，你想生产哪个产品？当然是Q。

现在让我们从原料的角度看。生产P要求我们向供应商每件支付45元；Q仅需40元。因此，如果这是唯一考虑因素，那么你希望生产哪个产品？同样的答案，Q。

我们还可以查看有效产出，即售价减原料价，P的有效产出是45元，Q的有效产出是60元。答案还是Q。

但我们应关注的不只是这些，我们通常还会查看生产产品所需的工作量。计算产品P的工作量，我们得出：

$$15 + 15 + 10 + 5 + 15 = 60（分钟）$$

对于产品Q的工作量，相同的计算让我们得出：

$$15 + 10 + 5 + 15 + 5 = 50（分钟）$$

从工作量的角度来看，你希望多生产哪个产品？也是产品Q。非常重要的一点是，要意识到在我们的案例中，以上几个途径都得出了相同的结论，这就表示，无论我们使用什么经常性开支系数，世界上的任何成本系统都一定会给出相同的答案：生产Q绝对比生产P更有利可图。

好，沿着这个思路，现在我们来计算利润。优先推出市场的是产品Q。我们每周可以卖50件Q，这50件的每件都需要使用我们的制约因素（资源B）30分钟，每周因此而消耗1500分钟B的可用时间，剩下900分钟可用于生产P。在900分钟内我们可以生产多少件P呢？生产一件P需要消耗资源B15分钟，因此我们每周只能生产60（900÷15）件，而市场每周需要100件。我们没有足够产能，怎么办？

我们能够为市场提供的最佳产品组合是每周50件Q和60件P。产品Q将带来3000（50×60）元有效产出，产品P将带来 2700（60×45）元有效产出，每周的总有效产出就是5700元，减去运营费用6000元……糟糕！我们每周将亏损300元，怎么办？有"大鳄"进入我们的市场了，并且……

试想一下，如果一位经理承诺每周向公司贡献1500元利润，最终却亏损300元！这种情况持续多久，他就会去拜访该区的猎头公司了？我们可能忽略制约因素，但制约因素永远不会忽略我们。

且慢，上述计算是不符合"有效产出世界"的。使用制约因素这个术语还不够，我们必须摆脱"成本世界"所树立的种种心理障碍。在上述计算中，你一定已发现，错误的术语"产品利润"被使用了。在有效产出世界中，没有产品利润，只有公司利润。

让我们再试一次。应该怎样计算利润才对？我们已概述过处理任何管理问题的流程。第二个聚焦步骤是什么？确定如何挖尽制约因素的潜能。我们试图挖尽什么？资源的潜能。为什么？因为我们没有足够的资源A、C或D吗？不是，那为什么我们要进行上述计算？因为我们没有足够的资源B。

挖尽制约因素的潜能是什么意思？这并不意味着"令制约因素不断工作"。请记住，公司的目标并不是令员工不停地工作，而是现在和将来都赚钱。我们要从限制我们的东西（制约因素）上获得最多的钱。当我们向市场提供产品P时，市场为我们的努力支付45元。请记住，90元售价中的另外45元是支付给供应商的。制约因素需要投入多少分钟才能获得那45元有效产出呢？B必须每件投入15分钟。因此，当我们销售产品P时，制约因素B每分钟就可以为公司获得3（45 / 15）元有效产出。

当我们向市场提供产品Q时，公司将获得每件60元的有效产出，但制约因素B必须投入30（15+15）分钟。因此，当向市场提供Q时，我们每分钟仅收到2（60 / 30）元有效产出。请注意，这里所讲的每分钟2元或3元，与成本完全无关，这两个数字讲的是对有效产出的贡献。根据这两个数字，并深信有必要挖尽制约因素的潜能，现在应优先卖两个产品中的哪个才对？答案跟世界上所有成本系统的答案完全相反。

哪个才是对的？是所有成本系统，还是我们的常识直觉？只有一位"法官"——账本底线。因此，我们来计算一下，如果我们选择遵循自己的直觉，最终结果将是什么。让我们先将P推向市场，我们每周可以卖出多少件P？生产100件P需要消耗多少分钟的制约因素B？1500分钟。目前只剩下900分钟给Q了。生产一件Q需要消耗制约因素B 30（15+15）分钟。因此，我们仅能向市场提供30（900÷30）件Q。现在，每周的产品组合变为100件P和30件Q。

等等，大家明白最后一句话的含义吗？举个例子，一位经理站起来说："是的，我们有星级产品，也有瘦狗产品。我们暂不生产星级产品，先生产瘦狗产品，只有当我们有剩余产能时，我们才生产星级产品。"你认为这位经理被提拔的机会有多大？谢天谢地，我们在这里进行的只是一个小测验。让我们继续吧。

产品P每周将带来4500（100×45）元的有效产出，而产品Q将带来每周1800（30×60）元的有效产出。总有效产出就是6300元，减去每周运营费用的6000元，公司的利润现在为每周300元。

我们刚刚完成的计算将影响谁？股东、管理层、财务部——毫无疑问。还有谁？生产人员？不是。受影响最大的是我们的销售人员。想一下，目前，我们为哪个产品支付较高的佣金？Q，因为Q是更"有利可图"的产品。如果Q的佣金高于P，我们的销售人员将主推哪个产品呢？当他们卖出Q时，我们才明白其实P更有利可图，但现在为时已晚。我们必须交付已承诺的Q。

生产人员其实并不在乎哪个产品应多生产一些。不管怎样，工人B已全速工作。以上计算表明，在试图赚更多的钱时，我们需要对销售佣金计划进行一次大刀阔斧的改革。这就是依存关系的含义：我们正在针对的是生产问题，但所得出的结论可能对另一部门产生重大影响，这次是销售部门。

以上是"有效产出世界"与"成本世界"在思维上的区别的一个小小的例子。现在，让我们回归我们原本打算做的事情，衡量一下以上发现对信息问题所造成的影响。

14 厘清数据和信息之间的混淆——一些基本定义

我们想要的实际信息是什么？我们将赚取多少利润，为了获得答案，我们首先需要做出决定："我们应该向市场提供什么样的产品组合？"这取决于你找出的公司制约因素到底在哪里——只有"找出"动作需要涉及我们通常称为数据的东西，诸如处理一件产品所需时间、资源的可得性、销售预估等。一条"环链"开始形成了，链中每个环都可能被视为数据或信息，取决于你从什么角度看。

为了澄清这一点，让我们再次问自己那个关键问题："数据是什么？信息是什么？"在讨论开始时我们说过什么？"仓库的内容是数据，但对于必须响应客户紧急需求的人来说，这是信息。"在我们的印象中，同一字符串可以是数据，也可以是信息。现在，我认为我们有了更深入的理解。数据和信息之间的关系，比最初看起来更有趣。

让我们更仔细地检查一下。"B是制约因素。"这句话是数据还是信息？对于生产经理，这肯定是信息。它回答了他的主要问题："我们应聚焦哪个资源？"但在同时，销售经理只视它为数据。销售经理的问题是："我们应该向市场推哪个产品？"所需的产品组合——"先推P，然后推Q"——对销售经理而言肯定是信息。如果不知道B是制约因素，能否得出这个结论呢？不能。因此，"B是制约因素"对生产经理来说是信息，而对销售经理来说是数据。

但是，环链中还有其他环。例如，最高领导层的问题是："我们将赚取多少利润？"这个问题的答案——300元——是信息，而"生产P比生产Q更有利可图"这句话对最高领导层来说，不是信息，而是数据。

看来，信息不是回答问题所需的数据，信息是答案本身。数据似乎是回答问题时所需的"碎片"。我们以前的定义——任何描述我们的现实的字符串——又怎样呢？看来我们必须进一步区分"数据"和"所需数据"。且慢，这点非常重要。在基本定义的层面犯错，可能会使整个讨论陷入混乱。我们应该选一个不那么复杂的环境，我们的直觉最强烈的日常生活环境，来重新审视我们的定义。我们必须检查这些提议的信息和数据的正式定义是否确实符合我们对这些字句的直觉理解。

举一个例子，你问秘书："今天到亚特兰大市的最佳方式是什么？"我希望得到诸如"你应该搭乘航班"这类答案。毫无疑问，我称这类答案为信息。当然，如果所指航班不飞亚特兰大市，我仍然会称其为信息，是错误的信息。然而，如果我收到的不是一个简单的答案，而是整份航班目录，我会感到不高兴。我没有收到信息，只收到数据。对秘书来说，同一份航班目录就是信息，她的问题是："有哪些航班飞亚特兰大市？"即使在这个简单例子中，我们认为的数据与我们认为的信息，也要看所问的问题而定；在一个层面上被认为是信息，在另一个层面上可能被认为是数据。

如果你收到的是一份过时的航班目录，你会怎样说？它仍然是数据，我们甚至不能称之为错误的数据。请记住，数据是描述我们的现实的任何字符串。看来，"所需数据"这个附加词还是有点儿用的。是的，现在上述定义更加符合我们的直觉理解。

现在，我认为，我们可以更好地领悟我们在讨论开始时所提的观点的正确性："什么是数据，什么是信息，取决于你从什么角度看。"我们是否需要花那么多时间去分析"新哲学"，只为了获得较深入一些的了解？我相信答案是肯定的。把信息定义为"所提问题的答案"，就意味着信息只能通过决策程序来得出。所需数据是决策程序的输入，信息是输出，决策程序本身必须嵌入信息系统中。不，我们当然没有浪费时间尝试正式制定新的决策程序。

刚才所说的话中还隐含一个关键词，让我们不要忽略它。我们得出的结论是，信息是以分层方式排列的，在每个层面上，信息都是从数据中推断出来的。"推断"是一个关键词，它表明，为了获得信息，除了数据，我们还需要其他东西，我们还需要一个推断程序，或者用我们一直以来的说法——决策程序。

上述"P&Q"小测验清楚地说明了什么？我们需要的所有数据都有了。可是，我们仍无法推断出所需信息——利润。更糟糕的是，我们被引导推断出错误的答案。

为了获取信息，必须满足两个条件。数据当然是条件之一，但决策程序本身也同样重要。没有适当的决策程序，就无法从数据中推断出所需信息。过去，我们沉迷于"成本世界"，决策程序完全不起作用，这就是我们无法获得所需信息的原因。

我们遭受的挫折促使我们更加努力，但努力的方向是错的。我们不是努力寻求适当的决策程序，而是努力搜集更多的数据，然后当此行不通时，就转向搜集更准确的数据。具体而通用的决策程序，必须是信息系统的组成部分。

聚焦五步骤似乎就是我们需要的一个通用的决策程序，让我们能够攀爬信息阶梯：从基本数据到上一层次，即找出系统制约因素，到更高层次的推断所需战术答案，最终导出财务账本底线信息。

我听到了你在说什么："这个有点滑稽的人，根据一个小小的例子（"P&Q"小测验），就毫不犹豫地得出惊世的结论。"那些结论并非来自例子本身，而是直接来自聚焦五步骤——你的常识直觉。这个例子只是一个说明。没关系，不管怎样，我们将有更多例子来说明。

我们应该记住的是，仅靠聚焦五步骤是不够的。为了真正攀爬信息阶梯，我们必须制定源于聚焦五步骤的详细程序。比如，我们如何执行第二步——确定如何挖尽制约因素的潜能？这不是一件微不足道的事。根据"每单位制约因素的有效产出"原则来确定正确的产品组合，这个程序非常简单，但原则不容易找到。而且，你和我都知道，我们所用的程序并不涵盖普遍情况。对恰当的产品组合的追寻，还没有结束。

在继续探讨聚焦五步骤对其他战术问题的影响之前，在进一步检查由此产生的决策程序的范围之前，也许我们应该花一些时间在数据问题上。你已看到，我们已经花了那么多时间在收集数据方面，企图获取所需信息，以致我们可能过了头。在实际需要多少数据，以及应投入多少精力来提高数据的准确性方面，我们可能有些夸大其词了。

让我们回顾一下我们在"P&Q"小测验中做过什么。我们需要数据，但不是所有数据。问问自己：我们是否需要知道每个资源的"每小时成本"是多少？我们花了很多时间和精力来计算这个，是为了什么？为了控制开支，我们需要知道我们为每类开支付了多少钱：我们向工人支付了多少薪水和福利，但"每小时成本"呢？在成本世界的决策程序中，这个被认为是必需的、中间的一环。但在新的决策程序中，这个完全是多余的。还有多少这样的不合时宜的东西？我们必须非常警惕，将它们全部清除。

让我们再次回顾这些重要结论。

深深地吸一口气，然后深入这条由逻辑连接组成的长长链条，我们说过了什么？由于信息是按层次结构构建的，也由于决策程序本身是让我们从一个信息层面攀爬至（推断出）另一个信息层面的一个要素，这就意味着决策程序的任何更改都可能令整个"信息"层面报废。原有的推断方式一旦被改动，数据和信息之间的连接（从数据推断出更高层次信息）就会变得完全不适用。

当细看"每小时成本"时，我们其实已开始怀疑情况就是如此，然而，值得探讨的是，是否还有更多这样的例子，或者这仅仅是一个孤例？

人们最渴望拿到的数据之一是"产品成本"。财务总监和电脑部主管挖空心思想要得到它，并试图很好地处理它。我们为什么需要此数据？用来确定产品售价？不可能，产品售价不是由我们决定的，而是由市场决定的。要了解如何为产品定价，我们必须向外看。往公司内部看，看我们自己的运作，并不会带我们去任何地方。

为什么需要"产品成本"？为了做出决定，如决定我们应该向市场推广哪个产品，不推广哪个产品。对，这是唯一原因。但让我们面对现实吧，这个"P&Q"小测验生动地表明了，不应该用"产品成本"这个概念来做这项决定。所有成本系统都表明应将产品Q推向市场，而我们的账本底线所示的却恰恰相反。正如我们在早前指出的，"产品成本"这个概念必须被淘汰，连同它的创造者——基于"成本世界"的决策程序。

我们又该如何看待数据的准确性？我们是否真的有必要坚持每个数据都必须准确？问问自己，在"P&Q"小测验中出现的所有工序所需的时间中，哪一项必须准确？要找出制约因素，我们根本不需要高准确性。资源D每周要消耗1000分钟还是2000分钟，谁在乎呢？我们只需要数据准确到足以让我们知道某项资源是不是制约因素便可。

资源B上的工序时间就要准确一点，我们用这些数据来得出更高层面的信息——决定产品组合。但即使在这里，我们也没有必要做得太过——我们仍然不需要非常高的准确性。如果工序需要17分钟而不是15分钟，那么我们仍将得出相同的结论。只有当我们面对最高层面信息——"利润是多少"——的时候，工序所需时间才需要准确性，此准确性将决定所得信息的准确性。所有其他工序所需的时间都可容忍较大的误差，而根本不会影响计算的最终结果。

这是我们必须适应的。在成本世界中，我们的印象是，提高任何所需数据的准确性都会提高最终结果的准确性，因此，追求更高的准确性已成为一种生活方式。现在，情况不再如此，在有效产出世界中，大多数所需数据都有明确边界，而在边界之外提高准确性，对最终结果完全没有任何影响。通常，更高的数据准确性不会转化为更好的信息。

经理需要数据，以便他们做出决定，获得所需信息。决策程序的改变，不仅意味着结果会改变，而且意味着所需数据的性质及准确性会改变。我们在第14章中看到的就是这种变化的一个例子。

本章的内容有点多，做一份总结对大家应该是有帮助的，如果不做总结，那么起码列出文中各术语的定义：

信息：所提问题的答案。

错误信息：所提问题的错误答案。

数据：描述我们的现实的任何字符串。

所需数据：决策程序为得出信息而需要的数据。

错误数据：数据并没有描述我们的现实（可能是错误决策程序的后遗症）。

无效数据：推断特定所需信息时不需要使用的数据。

让我们暂时离开数据问题，继续探讨决策程序对公司其他方面的影响，使用的还是"P&Q"小测验。

15

展示新决策程序
对某些战术问题
的影响

更好地了解切换到新决策程序的后果可能是个好主意。这可能为可获得的信息的质量提供一些新的启示，并使我们对所需的数据及其准确性有一些初步的了解。因此，让我们用"P&Q"小测验来展示公司的不同方面的变化。

假设我是负责工作站A的工头，你是工厂经理。我问你："我每周应处理多少个零件？"由于工厂的目标是赚钱，你的回答可能是："生产100件产品P和30件产品Q。"听起来合情合理，但你的回答令我非常不愉快。出于对你的尊重，我必须提醒你——我不明白你的指令。作为生产零件的工头，我使用的术语是"零件编码"，而不是什么具体产品。意识到这一点后，你转而使用必须执行指令的人员的术语。

左方的零件，你要求我每周生产100个；中间的零件，我什么都不用做（作为工作站A的工头，我与中间的零件没有任何关系），而右方的零件，你要求我每周生产30个。你所做的只不过是直观顺应聚焦五步骤的第三步——其他一切迁就上述决定。

可是，现在看看什么事情将发生在我身上。请记住，我仍然是工作站A的工头。我必须花多少时间才能生产100个左方零件？每个需时15分钟，因此，所需时间就是1500（15×100）分钟。中间的零件我无须干什么，生产30个右方零件所需时间为300（30×10）分钟。

如果我生产更多，对公司有帮助吗？当然没帮助。多出的零件将不会变成有效产出；资源B的产能决定了有效产出，任何超额生产只会使库存上涨。但按照你的要求生产，我总共需要多少时间？1800（1500＋300）分钟。我的工作站可用时间有多少？2400分钟。因此，如果我完全按照你的要求去做，我的"效率"会怎样？会下降。我的职务会怎样？可能被免。

如果我完全按照你的要求去做，我将受到惩罚。那么，你知道我实际上会怎样做吗？我会找我的朋友——排程员或仓库管理员，如果有需要的话，我甚至会偷物料。我会让数字好看一些。请记住，库存不会堆在我的工作站，只会作为已完成的零件或成品堆在下游——无人管的地带。

你给了我怎样的选择？做正确的事却受到惩罚，玩数字游戏却成为英雄。你认为我是什么样的人？圣人？

认识到"有效产出世界"需要执行聚焦五步骤的第三步，即"其他一切迁就以上决定"，这意味着我们的局部表现衡量需要有大的变革。做蠢事得到奖励，做正确的事受到惩罚，我们还能继续这样干多久？今天，我们还要付出多少金钱、时间和精力来为局部表现衡量收集数据，而最终结果只是扭曲我们所衡量的人的行为？

如果你说："只生产100个这个和30个那个，然后停止工作"，那么你认为工人脑子里会怎样想呢？上一次管理层叫他们停止工作是什么时候？裁员前5分钟！每个工人都会本能地放慢工作速度，以证明你需要他们。我们刚刚涉及的主题非常敏感，改变局部表现衡量，几乎等同于改变"职业道德"。

当前的"职业道德"是什么？我认为我们可以用一句话来概括一下：

"如果有工人没事干，请找一些事情给他干！"

这个迁就概念与当前的行为存在直接矛盾。不要自欺欺人，不要以为改变局部表现衡量很容易。是的，我们可以毫不费力地设计程序来获取关于每个人应该干什么的重要信息。事实上，我们会发现自己需要搜集的数据量少得多，而数据的准确性要求也低得多。但这不是真正的问题所在。难道你真的相信，我们通过改变局部表现衡量就可以改变文化？没那么简单。之前我们说："告诉我你将如何衡量我，我就会告诉你我将如何行事。"而现在，让我们提醒一下自己关于故事的另一半："如果将衡量变成新的、我不能完全理解的东西，那么没有人会知道我将如何行事，甚至连我自己也不知道。"

我们不能光靠改变表现衡量来改变文化。

从"成本世界"到"有效产出世界"的转变——新的决策程序——首次让我们能够构建一个相对简单的信息系统，但其应用则完全取决于公司改变文化的能力。

在这个阶段，我们需要意识到，我们得开发新的局部表现衡量，这当然是所需信息系统的必要组成部分。而现在，让我们继续探索这项改变所带来的更多影响，以使整个图景继续展现出来。

假设我们已为新的职业道德开发了所有必需的工具。已进行转变的公司将发现，与通常的看法相反，工人在找事干。有些公司甚至把报摊设在车间，这样做没有用。空闲时间（这是禁止非制约因素资源过量生产的必然结果）被认为必须由一些有点儿意义的事情填满。

利用空闲时间来改善局部流程似乎是一个自然的解决方案。遗憾的是，我们的工人通常比我们更"天真"——他们并不比我们更擅长自欺欺人，给他们毫无意义的"改善计划"不会改善公司的业绩，从长远来看，这不可能是出路。

我们必须设计程序，令我们能够不断地找出最需要的局部改善之处。这并不是新的需求，但在"有效产出世界"的场景中，信息几乎变成是必需的了。接下来让我们探讨"流程改善"主题，但为了令讨论更生动，让我们通过以下方式进行……

假设我现在是一名工艺工程师。我曾经是一名工头，但上了夜校，获得了学位，因而得到提拔，成为工艺工程师。我不再是工头了，而你尚未晋升，你仍然是工厂经理。

假设第二天我进入你的办公室——你有一个"敞开大门"的政策——我告诉你说："我们工厂中有一个零件是我们大量生产的；这是其中一个比较重要的零件。每个零件我们必须投入20分钟处理——是的，20分钟。现在我有个主意，只需批准2000元购买夹具……好，也许多一点点，但3000元肯定足够。一旦我们有了这个夹具，我可以向你展示，我们生产一个零件，不是20分钟，而是21分钟。"

你将如何反应？我会被贬回工头吗（如果我够幸运的话）？假设你有无限耐性。你问我："能通过此举提高质量吗？"我回答："不能"。你接着问我："会消耗更少物料吗？"我回答："不会，这个也没有变。"那么……

我唯一的错误是什么？我太重视管理层的指示了。他们叫我为系统的制约因素松绑；他们甚至告诉我资源B是制约因素。"做点事情吧，一点点都可以。在制约因素上节省的每分钟都很重要。"当我问我该如何处理我正在参与的其他项目时，他们叫我"一概不要理，所有这些都只是围绕着改善非制约因素而已，不理它们就好。"这就是他们的指示，我喜爱我的工作，我喜欢为公司效力。所以我回家绞尽脑汁，以弄清楚如何为制约因素松绑。我终于找到了一个方法，而现在，我被开除了。

你看到了，对我的建议最初的疑惑反应，是"成本世界"的反应。在"成本世界"中，增加生产一件物品的总时间，绝对是无益的，但在"有效产出世界"中，我的想法是：用新的夹具，我们可以减少制约因素B生产中间零件所需的时间。该夹具令我们能够将（每个中间零件）1分钟的工作从制约因素B转至资源C，制约因素B在中间零件上消耗的时间就变成14（15－1）分钟。但C并不擅长这项任务，在B那里1分钟的工作，在C那里需要2分钟才能完成。所以资源C在中间零件上消耗的时间是7（5＋2）分钟。最终结果是，处理中间零件的总时间将从原来的20分钟，增加至21（14＋7）分钟，就像我之前说的那样。

如果我的建议得到了认真的考虑，那么收回这笔3000元的夹具投资，需要多少周的时间呢？当然，在"成本世界"中，我的建议将永远被视为废话，而在JIT或TQM世界中，仅通过将我的建议标示为"改善"，就可以证明投资是合理的。但我们必须在现实世界中回答才行，在现实世界中，公司的目标不是降低成本或"改善"，而是赚钱。

由于有了这个夹具，我们能够从制约因素中释放出每个中间零件1分钟的时间。我们每周生产130个中间零件，这意味着我们每周将有额外的130分钟的制约因素时间在手。1分钟的制约因素时间值多少钱呢？我们之前已计算过，答案不是每分钟3元，因为我们已满足了市场对P的所有需求，但我们仍未完全满足市场对Q的需求。我们仍然可以每分钟2元的价格出售制约因素B的其余时间。这就意味着，购买夹具每周能贡献260（130×2）元有效产出。由于运营费用保持不变，因此有效产出的增加将全部进入账本底线。要收回3000元投资，我们需要的时间少于12周。一项很不错的投资，对吧？

在"成本世界"思维下，没有工程师会敢于提出这样的"反改善"建议——将生产时间从20分钟增加至21分钟。负责B和C工作站的工头可能会这样做，但随后他将非常小心地掩饰此举。如果如实报告，他的表现将导致他被惩罚——他在零件上用的钱超过了公司所容许的标准。

我们的工程师需要什么数据？他们需要知道哪些资源是制约因素，每挤出一分钟我们可以从中拿到多少钱。就这么简单。而我们现在给工程师提供的又是一些什么数据呢？我们称之为"成本"信息的海洋。结果如何？另一位工程师将敲响你的门，并提出以下建议："我们可以改善左方零件由C负责的工序，只需在某些工具上投资3000元，我们便可以将工序时间从10分钟缩短至5分钟。"我们大概会颁给他"年度工程师"大奖。这项投资的回报是什么？

不，答案不是零，也可能是负的。我指的不仅是那3000元付诸东流。我们现在必须面对一件更糟糕的事——我们现在有了一位非常自豪的工程师——为错误的理由而自豪。我们误导了一个非常稀缺和昂贵的人将其注意力集中在错误的地方，无论现在还是将来。

你知道多少家公司在实施"降低成本计划"吗？如果所有这些降低成本的行动的威力真的能在账本底线上体现，这些公司应该是非常赚钱的。所节省的成本到底跑到哪里去了？现在我们知道了真相，根本没有降低成本，如果运营费用没有下降，你怎么能说成本已降低了呢？那些都只是数字游戏而已。当运营费用基本固定时，增加利润的唯一方法是增加有效产出。

什么是信息？我们需要什么数据才能推断出信息？这些数据需要多准确？这些问题蕴含了新的意思。也许，对于新的整体管理哲学的讨论，我们没有白白浪费时间。

16

证明惰性是政策制约因素的成因

既然我们已沉浸在"P&Q"小测验中，并已非常了解它，何不继续用它呢？请记住，我们仍未探索聚焦五步骤中第五步的威力。

假设我们的营销总监看到了我们在"P&Q"小测验中所做的一切，并意识到第四步——为制约因素松绑——的有效性，他马上跳起来加入。他理所当然地指出，除了资源B，我们公司还有另一个制约因素——市场。

不，说市场是制约因素，这句话没有错，这可能促使销售团队努力拿取更多产品Q的订单回来。但是，这肯定无助于公司的账本底线。制约因素是什么？解除该制约，你就能够赚更多的钱。如果我们解除了制约，但在账本底线看不出任何改善，那么，这很清楚地表明，我们抓住的其实不是真正的制约因素。

这里所说的制约因素其实是指，市场对产品P的需求不足；如果产品P的市场能够扩大，我们可以赚更多的钱。我们的营销总监指出，公司没有向日本销售过任何产品。他的建议是，他应该去日本，看看我们的产品在日本有没有市场。

两周后，营销总监从日本归来，并自豪地介绍了他的发现。让我们接受他的发现并将其作为"P&Q"小测验的一部分，不仅针对当前的问题，对未来的所有问题也是如此。他告诉我们："日本有规模庞大的市场。日本人在等待购买P，也在等待购买Q。他们太喜爱这两款产品了！那里的市场很大，实际上，它跟国内市场一样大。我们每周可以出售多达50件Q和/或100件P。然而，有一个小问题……"

不管怎样，每当我们与营销人员交谈时，到最后总有一个小问题。是的，你的猜测是正确的，如果要在日本销售，我们必须在售价上打八折。但营销总监保证这种降价不会影响国内的价格。他已彻底检查过。我们可以在日本按八折销售而不影响国内的价格。日本人希望我们在产品上做一些小改动来实现价格差异，而这些小改动并不需要我们花费特别多的额外功夫。

你听过倾销这个词吗？在倾销中，有什么是不被允许的？低于成本销售？如果产品成本这个概念并不存在，我们怎么可能以低于它的价格来卖出产品？此外，你喜欢在哪里购买日本相机，是曼哈顿还是东京？曼哈顿，对不对？为什么？因为那里比较便宜，为什么在曼哈顿购买相机会便宜？啊，大家都知道，运费是负的。

我们不会跑到日本以八折的价格销售Q。我们在国内以100元的价格销售Q，为什么要去日本以80元的价格销售呢？但是，如果P在日本的售价是72元，我们应该不应该去日本？

在"成本世界"，这是一个非常艰难的选择。在"有效产出世界"，这却是一个非常容易的问题。我们的情况是，运营费用是固定的，而资源制约因素暂时仍无法松绑，增加利润的唯一方法是什么？加紧挖尽制约因素的潜能。现在，对于产品Q，制约因素B提供给我们的有效产出是每分钟2元。如果在日本，每分钟的有效产出高于2元，我们应该去日本开拓市场，这肯定会提高我们的账本底线。否则，去日本的唯一理由就是观光而已。

在日本P的售价是72元，我们从中必须减去原料费，即45元。不知何故，我们的供应商收取的原料费不变，他们并没有考虑我们在哪里卖出产品。因此，每件产品的有效产出是27（72 – 45）元。制约因素B需要在每件产品上投入15分钟，这就令每分钟的有效产出低于2元。在这种情况下，我们不应该去日本开拓市场。

我们的销售队伍需要什么数据（假设市场区隔做得很完美）？每件产品的原料的价值；每件产品需要制约因素投入多少分钟；再加上一个关键数据——今天制约因素每分钟提供给我们的最小有效产出。销售队伍最终需要什么信息？以什么价格卖出才划算（如果能够卖出的话）？在完美的市场区隔下，他们应该按市场能承受的价格销售，如果价格比上述关键数据还差，他们就不应接受订单。很简单，不是吗？但今天我们给他们的是一些什么"信息"呢？我们不必费神去想了。

现在，让我们更认真一点。这个"P&Q"小测验并不代表一家现实生活中的工厂。小测验中描述的是什么情景？客户正在敲我们的门，想买我们的产品，支票就在手中，仅仅由于一台糟糕的机器，我们就不接受他们的支票吗？在这种情景下，我们通常会做什么？我们当然会增购一台机器！

好吧，就这样做，购买另一台B机器。可是，在我们的工厂中，只有一个人具有操作B机器的技能，这个人已投入100%的时间来工作。如果购买B机器不是为了装饰工厂的门面，而是为了让公司更赚钱，那么我们必须雇用另一名工人。假设我们真的找到了这样的工人——廉价，"货真价实"。每周仅需支付人工费400元，包括福利等。我们现在面对的情景变得更常见了。投资决定通常会影响运营费用和有效产出。公司的运营费用已提高至每周6400（6000 + 400）元。

现在的问题是什么？我们已购买了新机器，但这不是天上掉下来的礼物，机器的购买价格为100000元。为了简化计算，我们假设不用支付利息。

问题当然是，要花几周才能收回成本？

再一次，我强烈建议你停止阅读，并动手计算一下。不是要考你，而是要利用这个机会向你揭示到底是什么思维主导着你的计算。

参加这个"P&Q"小测验的人很少能正确回答以上问题。"成本世界"思维对我们的影响的严重性被大大低估了。让我们一步一步地追踪西方管理模式针对这个问题的典型做法。

我们已购买了另一台B机器，因此B不再是制约因素。现在，我们可以提供所有100件P和所有50件Q，我们已检查过，所有其他资源都有足够的产能，市场现在就是制约因素。

P将给我们带来4500（100 × 45）元有效产出，Q将给我们带来3000（50×60）元有效产出，总有效产出为7500元。从中，我们将不得不减去运营费用。请记住，现在运营费用是6400元，我们已聘请另一人。每周利润为1100（7500-6400）元。但是，我们不能用全部利润来计算新机器的投资回收期。先看看我们原本有多少利润吧。我们只能用新机器所引发的利润来计算投资回收期。

每周利润增加了800（1100-300）元。由于该机器的价格为100000元，因此我们将在125周内收回成本。对吧？错。

让我们提醒自己聚焦五步骤的第五步——"如果在先前的步骤中制约因素已被打破……"我们的情况正是如此，对吧？我们刚刚打破了制约因素……"就回到步骤1，不要让惰性引发系统的制约因素"。这个警告是针对像我们这样的情况给出的，我们有注意到吗？你看到了，在"成本世界"中，几乎所有事情都是重要的，因此改变一两件事情不会令全局改变多少。但在"有效产出世界"中不是这样的，在这里，很少事情是真正重要的，改变一件重要的事情，你就必须重新衡量全局。

为什么我们决定不去日本开拓市场？因为去日本开拓市场，制约因素每分钟获得的有效产出还不到2元。什么制约因素？我们已打破了！我们购买了新机器，所有资源现在都有剩余产能。目前市场是唯一的制约因素，让我们立即去日本卖出剩余的产能吧。所增加的有效产出——售价减原料价——全部都是利润。运营费用是固定的，尽管我们现在所说的运营费用相比之前已经提高了。

如果我们去日本开拓市场，什么将成为内部制约因素呢？在排队的下一个资源是哪个？当然是资源A。让我们重新计算吧。在国内卖出100件P，将产生4500元有效产出，但资源A需要投入1500分钟；在国内卖出50件Q，将产生3000元有效产出，但资源A需要额外投入500（50×10）分钟。这使资源A有400（2400－1500－500）分钟的"空闲"时间。让我们在日本"倾销"剩余产能吧。

资源A在400分钟内可以生产多少件P？约26（400÷15）件。每件的有效产出不再是45元，我们现在是在日本进行销售。有效产出只是27（72－45）元。因此，在日本销售P，有效产出每周将增加702（26×27）元。我们值得为这个小数目跑到日本去开拓市场吗？让我们看看，现在，总有效产出是8202（4500＋702＋3000）元，减去6400元运营费用，再减去之前的利润300元，每周利润增加了1502元。增加的幅度很不错。但由于惰性，我们白白错失了赚钱的机会。

我们现在懂"惰性"的意思吗？我们懂吗？遗憾的是，答案仍然是"不"。在"成本世界"中有"产品成本"这个概念，认为只要我们没有改变产品的设计或工人的工资，"产品成本"就没有变。然而，在"有效产出世界"，并没有"产品成本"或"产品利润"这类概念。我们评估的，不是一个产品所造成的影响，而是一个决定所造成的影响。上述评估必须通过对系统的制约因素所造成的影响来进行。这就是为什么找出制约因素始终是聚焦五步骤的第一步。如果制约因素已改变，所有正在执行的相关决定必须被重新审视。

我们为什么决定在日本销售P？因为在我们的印象中，P是最"赚钱的产品"。这个印象其实是"成本世界"的产物。"赚钱的产品"是一个过时的术语。是的，我们认为在日本销售P，公司能赚更多钱。为什么我们会得出这样的结论呢？因为资源B是制约因素。可是，资源B其实现在已不是制约因素了。

让我们尝试在日本倾销Q。让我们利用资源A剩余的400分钟来生产Q。由于生产一件Q，制约因素A只花费10分钟，因此我们可以生产40（400÷10）件Q。在日本，每件Q的售价是80（100×80%，在日本售价打八折）元，减去原料价40元，获得40元有效产出。因此，在日本销售Q，有效产出将增加1600（40×40）元，高于销售P所得的有效产出702元。账本底线将增加898（1600-702）元。既然我们已决定去日本开拓市场，为何不卖更有利的产品呢？惰性！

现在我们了解惰性的含义了吗？我们现在是否完全意识到惰性极具破坏性的风险了？答案仍然是"没有"。为什么我们决定首先占领国内市场，然后才考虑出口呢？因为出口最初完全被忽略。惰性！

"回到步骤1，不要让惰性……"回到步骤1，并全面查看整个系统，好像你以前从未见过它一样。这就是一个新系统。让我们再次提醒自己，在"成本世界"中，改变一两件事，不会对大局造成多大影响。但在"有效产出世界"，一旦制约因素转移了，一切都将发生改变。

我们要做的是，通过新制约因素，重新检查哪些产品对有效产出贡献更大。现在的制约因素是A，不是B。计算方式如前所述，有效产出除以制约因素所投入的时间。你为什么不这样计算呢？惊喜正在等着你。

第二部分
信息系统的
结构

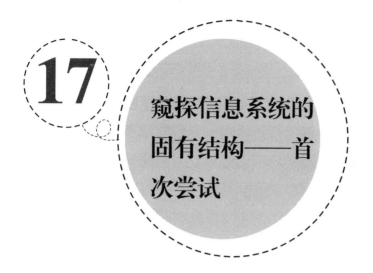

17 窥探信息系统的
固有结构——首
次尝试

正如我们早前意识到的那样，信息就是"所提问题的答案"。我们正在寻找什么类型的信息？要回答这个问题，我们只需要听听每个人的抱怨："我们被淹没在数据的海洋中，却缺乏信息。"仔细听听下面这些几乎绝望的呐喊的例子……

我们应该接受这个客户的订单吗？我们是否应该批准那个关于购买更多机器的申请？我们应该在这次投标中出什么价？我们还能做些什么来缩短产品设计所需的很离谱的时间？我们应该自己制造零件还是继续外购？我们如何客观地衡量局部地区的表现？我们应该选择哪个供应商……

很明显，我们最需要的信息都关乎成本会计应该回答的问题。事实上，这并不奇怪，因为"成本世界"的决策程序完全不适合我们的"有效产出世界"的现实。传统的决策程序无法正确回答所有这些问题。管理人员只好依赖自己的直觉。数据和所需信息之间的桥梁——决策程序——并不存在。因此，我们收集的海量数据证实不了依直觉而得出的答案，而是抹杀了它们。

让我们消化一下刚才所说的内容，即使此举听起来有点儿烦琐。这是一场讨论，不是吗？感觉好像我们已非常接近找到问题的核心，似乎进一步聊聊就可以为我们提供基础，以定义我们要寻找的内容的性质。所需信息系统的性质与当今的数据系统的性质是明显不同的。

我们已注意到，信息是按层次结构排列的，使用决策程序，就能够从较低层面推断出较高层面的信息。我们没有所需的信息，因为我们没有使用恰当的决策程序。这意味着我们正在寻找的信息系统应主要针对较高层面的信息。很有趣的结论！让我们深入探究一下。

每当问题不需要涉及决策程序就能够回答，只需捕获所需数据即可时，我们早就这样做了。我们过去付出的大多数努力都是朝这个方向，难怪我们称现行的系统为数据系统。这并不是说我们没有尝试回答更高层次的问题，我们在上面所列的问题清单一直摆在我们眼前——成本系统就是我们过去所做尝试的一个很好的例子。然而，正如我们在讨论中发现的那样，这些努力是基于错误的决策程序来进行的，因此无济于事。

在这种情况下，那些能够回答需要使用决策程序的问题的系统才能被称为信息系统，而那些旨在回答最直接问题的系统，应被称为数据系统。这个结论意味着信息系统不应忙于处理可用的数据，而应假设数据系统就在旁边，应从那里获取所需数据。这是一个意义深长的结论，但不是反直觉的。

信息系统的威力，应主要根据它能够可靠回答的问题的范围有多大来判别。范围越大，系统的威力就越大。

下一步怎样走呢？看起来，第一步应当是为上述问题清单制定恰当的决策程序，尚未列出来的问题也要顾及。

毫无疑问，这保证了我们这场小小的讨论将不得不持续相当长的时间，肯定会超出本书的范围。甚至一个"P&Q"小测验就足以显示讨论不会沉闷，但我们现在有时间吗？如果我们循着这条线路走，我们什么时候才能开始讨论信息系统的结构？

马上制定各决策程序的诱惑很大，尤其是当我们开始意识到这些新决策程序并非十分复杂或并不需要过于精细时。相反，它们都非常简单。难怪，当我们意识到只有很少的事情是真正重要的时，我们用此来取代"几乎所有事情都重要"的观念，情况随之大大简化了。我们已注意到，"成本世界"思维在我们心中根深蒂固，以至于掩盖了现实。能够打破这么多思维障碍，设计出那些迫切需要的决策程序，肯定是件乐事，然而……

然而，我们不要忘记这场讨论的主要目的——概述一个全面而可靠的信息系统的结构和组成。我们可以不首先设计所有必需的决策程序就做到这一点吗？

幸运的是，我们有了指导方针来获得回答管理问题的决策程序。很简单，TOC聚焦五步骤就是。也许我们可以通过查看一两个这样的管理问题找到所需信息系统的结构。也许已有一个通用的模式。如果是这种情况，我们现在就可以构建一个框架，并在处理每种特定问题时逐步完善这个框架。这样，我们就可以更早开始收获主要好处。此外，我们必须逐步将这些概念引入我们的组织。从成本世界至有效产出世界的完整过渡，不会在一天之内就完成。

好，我们还等什么呢？开始吧。

假设你是采购经理，你的难题之一是如何决定每种物料的库存量。你知道这是吃力不讨好的差事。如果你没有足够的库存，运营就会出现短缺，每个人都会责备你。如果你尝试建立库存储备，财务总监就会叫你的上司教训你一顿。你应该持有多少库存量？同样重要的是，你如何证明你持有的库存量处于合适的水平？

让我们使用一些具体数字来探讨你的问题。假设一种物料的买入价是100

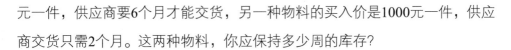

元一件，供应商要6个月才能交货，另一种物料的买入价是1000元一件，供应商交货只需2个月。这两种物料，你应保持多少周的库存？

不要草率回答。根据"成本世界"的观点，你会认为答案是显而易见的，第一种物料的库存量应该高于第二种。而在过去5年中，我们发现，其他因素比价格和供应商的交货期更重要，让我们看看其中的一个因素。

如果我们正在争论库存量，这意味着物料的消耗是持续的，不是偶发的。否则，我们将只需买足够的量来满足特定订单即可，我们不用考虑持有库存。我们假设第一种物料2周要货一次，而第二种物料是1个月要货一次。现在，你的答案是什么？哪种物料应有较高库存？

第一种物料，我们应该保持2周的库存量，即2周的消费量，但对于第二种物料，2周的库存量肯定是不够的，我们应该保持大约1个月的库存量，对吧？

价格和供应商的交货期是什么时候进入我们视线的呢？它们都重要吗？是的，但重要性比我们想象的要低得多。你看，当我们说1个月的消费量时，我们真正的意思是什么？是1个月的平均消费量吗？我们更有经验一些。我们痛苦地意识到，"墨菲"是我们公司中最活跃的"人"。我们应该持有一个月的"谨慎的消费量"。我们要多谨慎才行？

当然，我们的谨慎与公司的内部波动是相关的，而内部波动又深受客户需求波动的影响。我们如何量化谨慎？那是另一个问题。然而，很明显，我们的谨慎程度将受物料价格的影响。物料价格越高，我们就越难谨慎起来。很令人惊奇，是不是？在"成本世界"中被认为是最重要的因素，在"有效产出世界"中却沦为一个修正因子。

供应商的交货期又如何？这个真的重要吗？是的，但也只是一个修正因子。当向供应商发订单时，我们不应该考虑当前的"谨慎的消费量"，而应该考虑未来的"谨慎的消费量"。我们今天订购的物料只有在运抵公司后才能开始发挥库存的作用,我们希望这个能准时发生(供应商能准时交货)。

例如,关于第一种物料,我们必须评估6个月内的消费量。当然,供应商的交货期越长,我们需要评估的时间范围就越大,不确定性就越高。可是,别忘记,物料价格和供应商的交货期仍远不如供货的频率重要。物料价格和供应商的交货期仅通过内部波动所引起的"噪讯"来产生影响。公司越稳定,两者的重要性就越低。

谈到"噪讯",我们需要认识到,我们并不是唯一给游戏带来不确定性的人。供应商的不可靠性也很重要。让我们使用同一个例子,假设第一家供应商是非常不可靠的,甚至很可能有一两次断供,或者整批货都是坏的;而另一家供应商在交货期和质量方面都极为可靠。现在,你的答案是什么?你还记得那个问题吗——"每种物料,我们应保持多少库存量"?

我们明白了,在确定物料库存量时,必须考虑三个主要因素:第一个是供货的频率,第二个是公司的"噪讯"(消费量的不可靠性),第三个因素是供应商的可靠性(准时交货及货品质量)。这第三个因素引发了另一个重要问题:有三家供应商,第一家的价格较优,第二家的供货频率较优,第三家的可靠性较优,那么你会选择哪家供应商?很明显,需要数据来协助评估和选择。

除了再次证明在有效产出世界中进行逻辑思考与在成本世界中进行数字游戏之间的区别,我们还干了什么?在例子中,我们学到了任何有助于揭示信息系统所需结构的知识吗?

18 把"保护"量化

　　从上一个例子中，我们学到了一些关于所需信息系统的结构的知识。我们所要做的是拒绝恐慌。事实上，它并不像看起来那么复杂。关于采购管理问题的分析，我们讲到哪里了？适当的物料库存量的厘定，以及挑选供应商的问题，很大程度上取决于一项所需数据：我们的"谨慎的消费量"。

　　如果有了这个有点扑朔迷离的数据，我们就可以毫不费力地使用其他数据得出合理的数值判断。从哪里找数据呢？我们应该问自己的第一个问题很明确：决定消费率的是什么？

　　给人的第一印象是，至少从理论上，这个问题我们可以毫不犹豫地回答，系统的制约因素决定消费率。肯定吗？只是系统的制约因素？除了制约因素，还有其他自由度来决定消费率吗？

　　好了，我明白你的意思了。制约因素应决定消费率，但为消除制约因素而做的决策不正确，会大大影响产出效果。一方面，如果我们没有正确利用制约因素，消费率就会比预期低；另一方面，如果我们忽视了制约因素，改为专注于人工"劳动效率"，物料的消费率就会不必要地膨胀。

听起来似曾相识，我们仿佛走在一条众所周知的道路上。用语言表达的话，我们只是在重复TOC聚焦五步骤。首先，我们需要"找出"系统的制约因素，然后决定如何"挖尽"它们，为它们"松绑"。很有道理，但毫不稀奇。加进"迁就"这一步，就是因为要消除盲目追求高效率的倾向吗？不，未必如此——大家要记住，我们需要预测的不是消费量，而是"谨慎的消费量"。我们能办到吗？当然能，但为达到这个目的，我们必须增加一个机制。

记住，我们为什么需要"谨慎"？因为我们深知事情通常不会一帆风顺。波动是生活的一部分。因此，鉴于制约因素的特性和公司的"噪讯"的强度，我们需要开发一个机制，以预测整家公司所需的库存量。是的，"迁就"这一步是占主导地位的。

至少在这种情况下，我们看到的是，即使决策程序已被充分开发及理解，我们仍需要数据来回答管理问题。"成本世界"并不提供这类数据。它是较低层次的信息，传统的决策程序无法从现有数据中推断出这类信息。我们发现，在能够可靠地回答这类采购问题之前，有两个起始步骤是我们的信息系统必须执行的。

第一步，我们的信息系统必须包括"找出""挖尽""松绑"所需的程序——现在和未来。这一步（或代码块，如果我们讲的是电脑信息系统的话）必须稳妥就位。在这一步之上，第二步也要就位，第二步基于从公司日常交易中厘清"噪讯"程度的程序。这个程序还必须将数据演绎为适当的保护水平，以加诸各适当位置，从而减少墨菲所造成的影响。

让我们来看看另一个常见的问题，从而了解以上模式是否不断重演。如果我们的TOC聚焦五步骤真的广泛适用（正如我们所说的），那么情况就应该是这样的。

假设我们一直外购某部件，而该部件是我们有技术能力自行生产的，我们应该继续外购，还是开始自行生产？在"成本世界"中这个问题有点儿搞笑——我们还等什么？计算一下"生产成本"，然后将它跟外购价格比较一下。假设内部"生产成本"是100元（根据传统计算方法），外购价是80元，怎么办？

至此，我们已吸取了教训，"产品成本"只是一个数学上的"幽灵"，与现实生活完全无关。要证明这种说法，最简单的方法是在上面的描述中加入以下具体数据。假设生产该部件所需的原料的买入价是40元，而生产过程中用的全是非制约因素，现在你的答案是什么？外购该部件，将对账本底线产生80元的负面影响，而内部生产该部件产生的负面影响是多少呢？对，只有40元。

好，很明显，第一步，一定要找出系统的制约因素。第二步，"挖尽"概念呢？也许自制该部件其实就是利用这一概念，尽管做法跟我们迄今的做法相反，有意思。第三步，迁就概念呢？我们可能认为，由于决定已在第二步做出，因此第三步就似乎变得无聊、无足轻重。

我们可能会这样说，但这种说法是错的，我们应该更深入地了解"迁就"的意思。我们记得，我们对聚焦五步骤的理解，至今都是从"P&Q"小测验中得出的。小测验的一个基本假设是，没有任何不确定因素、没有"噪讯"。如果你还记得的话，这样做是为了一劳永逸地踢走一个常见的借口：阻止我们获取信息的，主要是数据不确定性。"P&Q"小测验让我们可以不理"噪讯"，但此举也阻止了我们深入探讨迁就机制。

进行迁就，注意力就集中在环链"较强的环"上。是的，我们意识到在任何环链中都必然只有一个"最弱的环"。但为什么有这种现象呢？我们可以确切地证明，同时包含"因变量"和统计波动的任何系统都必然如此。如果一件物料在生产过程中经过多个内部实体性制约因素，那么预期的有效产出将无法实现，而库存将攀升（有关详细信息，请参阅《TOC期刊》，第1卷，第5期，第1篇文章）。

换句话说，我们应该极力避开互动的制约因素，犹如避开瘟疫那样。这个结论令我们认识到，所有其他"环"必须有比预期负荷更高的产能。这听来很顺耳并合乎逻辑，但简单而又合乎常识的原因是什么呢？如果数学上能证明确实是这样，我们就必须接受，但问题仍然存在。为什么会出现这种现象呢？答案也许是，我们那位很出名但不受欢迎的朋友——墨菲先生。

让我们深究一下，同时谨记到目前为止我们所学的。假设我们已找出系统的制约因素，我们现在要挖尽它。在制约因素上的任何浪费，都会不可逆转地危害我们的账本底线。但且慢，我们突然想起了墨菲这位老兄，如果墨菲直接攻击制约因素，那就糟糕了。看起来唯一可做的事，就是去埋怨我们的运气太差。但如果墨菲攻击的是制约因素上游的资源，我们是否会同样感到无助？

我们还是想挖尽制约因素本身。这个是可以办到的，只要我们事前在制约因素前面准备一些库存便行。看起来这是个好主意；只要墨菲存在，我们用以保护有效产出的库存就当然不应被视为一项负债，我们应设置这些库存。

但库存本身就是足够的保护吗？当墨菲来袭，而我们继续挖尽制约因素时，那么它面前的库存就会被侵蚀（变少）。墨菲不是我们公司的常客。当墨菲再次攻击非制约因素时，将发生什么？现在，制约因素的处境不妙了。

很明显，我们最好赶紧重建制约因素面前的库存，在"墨菲再次来袭"之前就做好。但为了重建，所有非制约因素必须能够快速处理及运送物料给制约因素，比制约因素平时要求的速度快得多。非制约因素必须继续提供制约因素所需的物料，再加上重建保护性库存所需的物料。这给我们带来了不可避免的结论：只要统计波动存在，如果我们想挖尽制约因素，那么所有其他资源的产能必须超过原先的需求。

为了进一步说明这一点，我们假设其中一个上游资源没有任何备用产能。在这种情况下，制约因素面前的库存要准备多少，我们才能够保证挖尽制约因素呢？假设今天墨菲攻击该上游资源或更上游的任何资源。那么制约因素面前的库存将逐渐被侵蚀，而且现在没有办法补货。保护水平将永久性地下降。此刻，墨菲偏偏又再次来袭，保护性库存再次减少，周而复始……只要我们承认墨菲将永不完全消失。我们一开始就应在制约因素面前设置多少库存？是的，如果环链中确实有另一制约因素（没有任何剩余产能的环），那么我们需要无限量的库存才能挖尽制约因素，哪怕只有一个制约因素。

由于制约因素没有任何保护性产能，因此必须通过放置在它前面的库存及上游资源的保护性产能来对付墨菲。这两个保护机制之间是需要权衡的。上游资源的保护性产能越低，制约因素前面的库存就要越多，否则，制约因素就会不时"挨饿"，整家公司的有效产出将受损。如果上游其中一个资源的保护性产能是零，则下游制约因素前面的所需库存必须无限大。

因此，如果环链有多个弱的环，则环链的强度将大大小于当中最弱的一环。这样的环链将很快被现实拉断。在这个残酷的世界中，包含互动的制约因素的系统都捱不下去。

我们一向都视任何高于生产需求的产能为浪费。现在，我们意识到，在查看可用的产能时，我们必须将它分为三类，而不是两类。首先是生产产能，这是我们实际生产中满足需求所需要的那部分产能；其次是保护性产能，这是抵御墨菲所必需的那部分产能，仅制约因素资源没有保护性产能（记住——挖尽）；最后是过剩产能，这是在扣除生产产能和保护性产能之后剩下来的产能。

现在我们看到，当我们将原本外购的部件改为自制时，即使所有必需的生产都是由非制约因素资源来完成的，也可能产生负面影响。比如，如果部件需要使用当前没有任何剩余产能的非制约因素资源，那么，根据定义，额外的负荷将吞噬该资源的保护性产能。这就需要增加在制品及成品库存来保护制约因素。增加的库存，不仅包括新增的部件，还包括经过这段生产流程的所有其他部件的库存。

这是到目前为止我们还没有考虑到的全新视角。你看到了，在我们的"P&Q"小测验中，我们仅关注对有效产出和运营费用的影响。我们应该做的是，一定要把所有三个衡量（包括库存）的影响包括在内。"迁就"步骤对可靠地做出"自制或外购"的决策至关重要。

让我们提醒自己，将库存放在重要性排名的第二位，原因是库存对有效产出的间接影响。如果我们想就某个行动的影响（甚至可以只指对利润的影响）得到确切的答案，我们就不可不理库存。对于许多问题，库存甚至可能是主导因素。

而且，"保护性产能"的概念立即引发一个问题，即我们如何区分神秘的保护性产能和普通的过剩产能？我们怎么知道资源闲置是正常的，还是浪费？

最后两个重要问题，再次，凸显一个要求：我们的信息系统不仅能"找出"和"挖尽"制约因素，也能从我们公司的实际运作中找到一些抓手来确定墨菲的活跃程度。

这与之前所得的结论相同，也许现在是时候尝试探索信息系统的结构了。

19

所需数据只能通过排程和量化了的墨菲获取

现在，我们应专注于用一个方框图来显示我们心目中的信息系统的整体结构。

顶端的方框最为明显。任何一个名副其实的信息系统，都必须能够回答前面各章列出的"要是……会怎样"（what if）那类问题。那就是我们真正想要的，对吧？试想想，能够为这类问题能提供可靠答案，对我们公司产生的影响会多大。尤其鉴于当前我们找到的一直都是错误的、几乎相反的答案。

然而，即使第一次看这个图，我们也能明白，为了达到目的，还需要其他方框。"要是……会怎样"阶段所需的数据根本没有。只需重新查看我们已做过的事情，就可以很好地了解缺少的是什么类型的数据。事实上，我们可以开始区分两类缺少的数据。

第一类，非常明显——知悉公司的制约因素何在。我们必须开发一个程序，以找出当前和未来的制约因素。此外，在"要是……会怎样"阶段中，我们评价一个选项时，信息系统必须能够找出该选项所涉及的制约因素。

如前所述，制约因素不一定是实体性的，很多时候，它们是某些限制着我们的政策。信息系统应该专注于实体性制约因素，而不应该愚蠢地搞出毁灭性的政策制约因素。

如何找出系统的制约因素？我们应该意识到，有些制约因素我们一开始就已发觉——比如"P&Q"小测验中的资源B。有些制约因素只有在挖尽已找出的制约因素后才会被捕获——比如产品P的市场的那个例子。其他一些制约因素就要待"迁就"完成后才显露出来。没有足够保护性产能的资源，通常是这种情况。

从以上可以看出，不可能在同一时间找到所有制约因素，不可能有包罗万象的步骤。我们必须逐步行事，甚至将前三个步骤在多个循环中进行，每个循环抓出一个制约因素。由于制约因素数量极少，因此这件事本身算不上重活。

可是，我们开始明白，有些制约因素只有在"迁就"完成后才能找到，即迁就已找出及挖尽的制约因素。如果是这样，那么在现实世界中想避开上述那些循环，唯一的方法就是对未来进行模拟。

这是一个非常重要且令人惊讶的结论。我们刚刚说的是，为了找出当今的制约因素，我们需要模拟未来的动作。要找出制约因素，信息系统必须具有模拟未来动作的能力。这意味着我们的信息系统不可或缺的基础部分就是排程（scheduling）。

似乎我们正遇上另一长远需求，即系统地提供可靠的排程。是的，就是这样，毫无疑问。排程必须是信息系统的组成方框之一，这个方框是"要是……会怎样"方框的先决条件。

首先，这个结论似乎意味着我们得增加一项额外的负担。我们希望达到一个可以轻松地回答管理问题的阶段，此刻我们打算为资源构建可靠排程，却面临巨大障碍。退一步想想，这其实并不奇怪。长久以来，最迫切的管理问题包括："我们应该发放什么物料进生产线？""应该在什么时候发放？""以什么批量运作？"简而言之：谁应该干什么？何时干？干多少？这就是排程。

排程其实是对所提管理问题的答案清单，它就是信息。我们是否需要有一个决策程序才能生成这样的信息？请记住，这是一项测试，用来区分什么应该归信息系统，什么应该归数据系统。

好吧，我们能够不用上一个决策程序就编制一个可靠的排程吗？答案很可能是"不能"。你也很清楚，没有人拥有可靠的排程系统，排程并不在现成的数据中。这一定是由于当前尝试得出的排程都是基于错误的决策程序。

排程信息缺失是由于人们还没有真正尝试过找出它们吗？实情绝非如此。只需看看，人们已投入了多少金钱、时间和精力去尝试安装与操作物料资源计划（Material Resource Planning，MRP）系统，你就会明白。

实施MRP的最初目的是——今天仍然是——排程。据我所知，几乎没有一家公司实施MRP只是为了获得一个数据库。今天，已有很多工业企业安装了（有些还不止一次）这样的系统。如果考虑到软件和硬件的价格、昂贵的实施费用，还有不断维护那些（半准确的）数据而不得不花的惊人开支，你就难逃一个结论——此事需要花费数以亿计的钱。缺乏可靠的、系统的排程模式，肯定不是由于我们付出的努力不够。

道理已说够了。不管我们是否喜欢，如果我们想得到管理问题的可靠答案，必须首先破解的难题是"如何得出可靠的排程"。排程肯定是信息系统的基本组成部分之一，但遗憾的是，它不是我们需要的唯一组成部分。

我们的探索表明，墨菲在我们公司中所扮演的角色极为重要。只需重新阅读第18章，你就会意识到，墨菲实际上就是我们需要库存和保护性产能来满足当前的有效产出的原因。我们如何衡量墨菲呢？

试图量度每项资源的局部扰动不仅是一项艰巨的任务，而且从理论上讲也是不可能的。简而言之，实际上，收集足够的统计数据所需的时间很长，而数据变动频密。唯一的出路似乎是先看看墨菲所有"行动"的综合影响到底怎样。

我们需要用什么来防范墨菲？系统的制约因素。额外的库存积聚在制约因素面前，因此，如果上游出现麻烦，制约因素仍可以继续被挖尽，不会停下来。（请记住，即使我们假设某系统没有政策制约因素，市场仍几乎永远是实体性制约因素。）上游的非制约因素必须有保护性产能，才能够在墨菲来袭后迅速恢复（追回进度）。在墨菲下一次来袭之前，库存的保护能力必须及时恢复。

受墨菲影响最严重的位置，现在已能清楚地看到了，那就是在制约因素面前积聚的库存。这是缓冲管理程序的逻辑基础。

在这里，我认为我们不宜在这个有趣的程序上着墨太多。实际上，我的观点是，在我们扎实完成信息系统的概念性设计之前，我们都应该避免过度深究任何特定的程序，无论它看起来是多么有趣和重要。否则，我们将面临永远达不到我们的主要目标的风险。整体框架一旦建立了，在这时，只在这时，我们才按需要深究及详细描述每个程序。

然而，在缓冲管理主题上，我们还需要澄清一下一些基本术语。第一个原因是，仅提及一个程序，然后就掉头而去，让大家摸不着头脑，这是很不公平的；第二个也可能是更重要的原因是，如果你没有澄清基本术语，那么当它们突然在意想不到的地方跑出来时，就会让一切变成令人困惑的死结。但要进行澄清，我们需要新的一章。

20

引入时间缓冲概念

让我们回到缓冲的问题。我们说，我们需要在制约因素面前建立库存缓冲。且慢，也许我们跳得太快了。我们的意思是，我们需要保障我们挖尽制约因素的产能的能力。这两者是同一回事吗？不一定，实体性制约因素也可能不是资源，而是市场，或者更具体地讲，是客户订单。

那又如何？

如果我们要保证准时交货（尽管墨菲还在制造诸多麻烦），似乎唯一的方法是建立成品库存，对吧？

不一定。假设我们与客户达成协议，不迟于特定日期交货；不容许延迟交货，但如果我们提前交货，我们的客户会很高兴。是的，当然情况并非总是如此，但也相当普遍。如果容许我们提前交货，那么成品库存还是保障准时交货的唯一方法吗？

问题一旦以这种方式提出，情况就很明显了，我们可以用库存或时间来保护所需交货期。订单的开工期不以工序所需时间来计算，而是更早一点。早一点开工，就可以留出足够的时间来对付任何意想不到的波动，从而确保交货期。如果一切平安无事，我们只是提前交货而已，我们没有搞出一堆成品库存。

回顾我们刚才所说的，发觉有点不是味儿，我们似乎只是在玩文字游戏。是的，我们可以用库存来保护交货期，也可以——一如刚才所示的——以开工期的提前即以时间来保护交货期。时间并不等同于库存，但我们仍然好像把同一件事讲了两次。

这种不妥之感从何而来？也许我们应该找一个例子是客户不接受提前交货的，那么，很明显，唯一保护交货期的方法就是建立成品库存。我们如何建立成品库存呢？比原定开工期更早开工。这就意味着两条路径所采取的实际动作其实完全一样——我们靠提前开工来实现保护。我们在讲的是两个保护机制还是一个？

也许找出答案的最佳方法是看看另一个例子——公司的制约因素是资源制约因素。在这种情况下，我们的直觉最敏锐。很明显，我们必须在制约因素面前建立保护性库存。我们如何确保保护性库存真的建立起来了呢？以车间为例，许多不同产品都通过同一制约因素。建立库存的方式就跟前述的一样，每个工序的开工时间都比以工序操作时间及物料移动时间来定的开工时间早一点。

为什么这两个实体——时间和库存，如果以它们所起的作用来看，似乎就变成了一个？我认为，这个统一性是源于以下事实，即两种保护机制必须同时存在。其实，这不是两种保护机制，而是一种。二元性源于我们看待事物的不同角度。我们可以说，我们试图保护两个不同事物，一个是制约因素，另一个是制约因素的产出——客户订单。

如果我们讲保护制约因素，那么专注点就是确保制约因素不会闲着。我们很自然地使用的术语就是库存，而库存的具体内容反而无关紧要。实际上，如果不保护制约因素的产出，我们还说什么"保护制约因素"？如果我们专注于制约因素的产出，即特定客户订单，那么，很自然地，我们讲的其实就是时间。

正如我们所说的，保护制约因素或保护制约因素的产出基本上是同一件事，难怪所引发的行动是相同的——提前发放物料并开工。可是，从现在开始，我们应该使用什么术语——库存还是时间？我们似乎正面临一项抉择，但正如我们过去很多次学的那样，随便抉择只是由于我们对事情理解不足，那么何不花一点时间弄清这个问题，而不是匆忙抉择，却在事后（有五成概率）悔不当初呢？

我们说了什么？如果讲保护制约因素，我们就倾向于以库存作为保护机制，库存的具体内容反而无关紧要。有点奇怪吧，难道库存的具体内容真的无关紧要吗？听来有点儿不对，让我们深究一下。"保护制约因素"，这个短语是从哪里来的？这其实来自聚焦五步骤的第二步——决定如何挖尽系统制约因素的潜能。现在，情况就相当明显了，是不是？

如果挖尽制约因素的潜能是指要它不停地工作，那么库存的具体内容的确无关紧要。但现在不是这种情况。挖尽制约因素的潜能，是指在制约因素身上获取最高产出，以实现公司的赚钱目标。"P&Q"小测验已告诉我们，我们要制约因素干什么工作是最关键的。只有当公司只生产一种产品（别无其他）时，挖尽的含义才会降格至"令它不停地工作"。

由于制约因素的工作内容至关重要，因此，保护必须以时间来表达。这项确定（不再是一项抉择）也符合我们的直觉，尤其当我们放眼于更广的范畴而不只是生产时。项目、设计工程、行政管理，更不用说服务部门了，全都属于我们的考虑范畴。它们都关乎完成一些任务，以达到某些预定目标。但在这些环境中，库存往往是看不见的，而时间大家一说就明。

我们决定以时间作为保护的单位，因此，每当提及缓冲时，我们其实是指时间缓冲（time buffer）。缓冲就是一个时段——我们原本打算在某天发放物料（假设墨菲并不存在），现在决定推前 n 天，那 n 天这个时段就是缓冲。缓冲是以小时数、天数或月数来表达的。

什么决定着缓冲的长度？

时间缓冲就是我们对付未知的干扰的保护机制。我们不知道的不是干扰会不会发生，它们几乎一定会发生。我们不知道的是它们何时会发生，在何处发生，以及干扰将历时多久。由于干扰的随机性，很明显，我们无法精准确定时间缓冲的长度。即使我们有时间和资源来收集所有统计数据，我们也只能得出一条概率曲线而已，如图2所示。其中，20%的干扰历时仅5分钟，1%的干扰则历时2天。

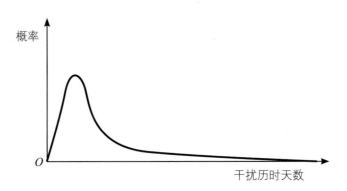

图2　一项特定资源在特定时间内克服干扰的概率

仔细观察图2的曲线，我们可以获得更多知识。它告诉我们在特定时间内克服干扰的概率。然而，如果我们进一步查看这对任务完成时间的影响，我们将领悟更多。图3显示了，从开工起计，一项需要经历多重程序的任务在特定时间内完成的概率。请留意，这条曲线永远不会触及概率是100%的那条线。时间越长，克服干扰的概率就越高，但永远不可能达到100%。

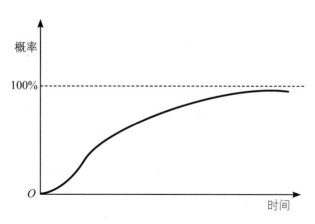

图3 从开工起计，一项需要经历多重程序的任务在特定时间内完成的概率

时间缓冲要多长，是一项纯主观判断，不容易，还有点儿琐碎。如果我们想超级谨慎，因而选择了一个很长的缓冲，我们可以安稳地应付几乎任何干扰，但这需要付出什么代价？我们的交货所需时间将很长——我们在用到某物料之前早很多就发放物料。在制品和成品库存会大涨，结果，我们对现金的需求增加了，我们的未来竞争力将受损，库存持有成本上升了。如果我们选择很短的缓冲，我们的平均交货时间会快一点，但我们必须准备面对大量的加急动作，以及相当不可靠的交货期。

再强调一次，缓冲长度的确定涉及最根本的管理决策——在各衡量之间取得平衡。选择较长的缓冲会直接影响与时间息息相关的库存（在制品和成品），进而间接影响未来的有效产出和运营费用；选择较短的缓冲会直接影响运营费用（加急及控制），并影响当前和未来的有效产出（不可靠的交货期）。

谁来做这个决定？谁来决定时间缓冲的长度？在大多数公司中，不是最高管理者，连排程员也不是，而是叉车司机。

决定缓冲长度的必须是直接负责公司整体表现的管理层。

21

缓冲和缓冲领地

我们已看到了，更详细的统计数据无助于做出更好的决策。如果要降低取舍的难度，我们必须直接面对需要保护的核心原因——墨菲。细看之下，我们发觉墨菲有两种类型。一类涉及意想不到的事故，如工具故障、缺勤的工人或失控的工序导致废品，这通常就是我们眼中的墨菲。我将这类干扰称为"纯墨菲"。但当我们查看的是特定产品的流程而不是资源时，会发现另一类干扰。

当一个特定任务抵达具有足够保护性产能的非制约因素资源时，我们仍可能发现该资源正忙于处理另一个任务。我们的任务流程就被打乱了。该任务必须在资源面前排队。对在组织中工作的每个人来说，这种现象是众所周知的，我称之为"非即时可得性"。

为了更好地理解这种情况，让我们摸清影响任务所需时间的各类时段之间的关系。据估计，在大多数环境中，干扰是决定任务所需时间的压倒性因素。与墨菲的影响相比，任务的实际工序时间几乎总是微乎其微的。大多数公司都有生产任务数据来支持这个说法。

大家花一点时间，估算一个普通零件所需的实际工序时间。不，我不是讲整件产品，而是同步处理并装配产品的各零件。我讲的是一个典型的零件而已，不是最复杂的零件，只是很普通的。噢，我讲的不是处理整个批次的时间，而只是处理一个单件的时间。请记住，除了非常独特的工序，我们是有办法在整个批次完成上一工序之前，就将一些零件移至下一工序的（当加急时，我们称此为批次的"拆分和重叠"。在TOC的术语中，这就是"工序批"和"转移批"之间的区别）。如果你不是航空航天业零件供应商，每个零件平均工序时间大概不到一小时，而在半自动化工业，每个大概只需几秒。

现在，将工序时间跟我们持有库存的平均时间做比较。我们如何找出后者的数据？非常简单，你可能已有（或有办法找到）在制品和成品库存转数的比较好的估计。每年周转12次，意味着公司持有每个零件（从发料到交货）大概4周。前述数字是以分钟计的，这个则以周计。与墨菲相比，实际工序时间可以说微不足道。

任务所需时间有多长，墨菲是决定性因素。相对于制约因素预计开始处理物料的时间，时间缓冲是提前发放物料的天数或时数。在大多数情况下，你不必费神为在资源上进行的任务所需时间做微不足道的调整。

那么，"纯墨菲"和"非即时可得性"，这两类干扰又怎样呢？在决定缓冲长度上，两者中的哪个占主导地位？这个我不知道。直到现在，由于缺乏全面的信息系统，我们无法在现实中分辨它们，我们也没有足够的现实生活经验来确切地回答这个问题。我个人的猜测是，两者大致是可比较的，但只有时间才能证明我的这个说法。

选择时间而不是库存，作为保护的基本单位，似乎是那么自然，以致你大概觉得有点儿奇怪，为什么我们花那么多时间在讲显而易见的事。且慢，这里头有些影响几乎是反直觉的。我们习惯于将缓冲当作实物。例如，当听到"缓冲在什么位置"或"缓冲中有多少库存"这类问题时，没有人会皱起眉头。可是，今天我们还能继续使用这些术语吗？再也不能了。

如果缓冲是一个时段，我们就再也不能讲缓冲的位置或缓冲的内容了。时间是不讲位置或内容的。因此，我们必须引入一个新的术语来显示库存往往在生产线上累积的位置（原因是物料被提前发放）。

为什么这样做？有两个原因。第一个原因是这些位置非常重要，因为这就是我们可以开始跟踪所有干扰的综合影响的位置。这种考虑导致TOC专家斯拉根海默提出"缓冲检查点"一词。

第二个原因不涉及缓冲的使用，而涉及我们如何将缓冲插入我们的计划中。正如我们所说的，缓冲是一个时段，我们如何在时间轴上放置这个浮动的时段？

如果考虑片刻，我们将看到只有一个选择。缓冲负责保护制约因素的表现。因此，只要我们决定制约因素必须在特定时间执行某任务，就必须在该时间点之前发放所需的"物料"（提前的时间就是时间缓冲的长度）。在这里，"物料"二字用引号，因为它不一定是实物，也可能是图纸，甚至是开始设计的许可。

我们刚刚说过，为了确定"物料"发放日期，在时间轴上我们必须将缓冲时间向后移动，从制约因素预计开始消耗该"物料"的日期起向后移动。这样，我们就可以在行动计划上把缓冲所指的时段"钉"住。或者，换一种方式表达：我们在制约因素未来消耗物料的日期向后以缓冲时间的长度推算物料发放日期。

在时间轴上，制约因素的消耗排程的起点，就是时间缓冲之源。从这一点开始，时间缓冲在时间轴上向后延伸。请记住，我们在这里讲的只是实体性制约因素，政策制约因素不应设置缓冲，将其松绑就可以了。实体性制约因素（资源或订单）确实有位置，因此，我们可以称制约因素消耗所需"物料"的位置为"缓冲领地"。这个术语可以让我们在脑子中把缓冲——时段——与所产生的保护性库存累积的实际位置联系在一起。

在讨论另一个主题之前，我们必须澄清一个重要的问题，一家公司有多少种缓冲？有多少种缓冲领地？

从到目前为止的讨论来看，很明显，我们有不止一种缓冲领地，因为我们有不止一种实体性制约因素。我们必须保护我们的资源制约因素，因为我们不希望它们的工作受到干扰，这就需要有资源缓冲（resource buffer）。资源缓冲的缓冲领地就是该资源制约因素前面的区域，它包含在制品库存。

我们也想准时交货，因此必须保护市场制约因素（market constraint），这就需要付货缓冲（shipping buffer）。相关缓冲领地就是货物的付运操作区或成品仓库。请注意，如果客户方允许提前交货，付货缓冲的缓冲领地中不一定只有成品库存，它也可包含在到期日之前交货的订单清单。

就只有这两种缓冲类别吗？我们是否应该引入第三种类别——装配缓冲？为阐明这个建议，让我们看看以下情况：资源制约因素正向一个装配体提供一件零件。装配工序将这个零件跟非制约因素生产的零件装配在一起。我们不希望资源制约因素生产的零件在装配工序上花时间等待非制约因素生产的零件。要记住，挖尽制约因素的潜能，是我们的基本原则。

仅仅由于非制约因素，就容忍制约因素产生有效产出的工作被拖延，这肯定有违挖尽的本意。如果我们想"保证"制约因素生产的零件不用等待其他零件，我们必须令各非制约因素生产的零件提早到来。换句话说，我们必须提早启动非制约因素生产零件的生产程序，因此有必要设置装配缓冲，这一点几乎是不言而喻的。装配工序如果需要使用制约因素生产的零件，那么在装配工序面前就要放置装配缓冲的缓冲领地。该缓冲领地中只包括非制约因素生产的零件。

现在，我们已澄清了一些基本术语，让我们从广义上讲一讲第二个基本方框的结构，这是我们信息系统的基本方框，主要对付墨菲所引发的干扰。

22

量化墨菲的第一步

我们已澄清了相关术语，现在我们应利用它们来量化干扰。也许开始的方法是再次挖掘根源。也许我们应该先探索对付墨菲的基本方法，这与我们的时间缓冲概念相关。它有别于传统的方法，也跟TQM所倡导的方法不一致，在某种程度上，是两者的融合。

在不太遥远的过去，尽管我们讨厌墨菲，但对付墨菲的传统方法仍是接受墨菲的存在，并且为了保护每项任务，我们在库存和时间轴上都设置缓冲。至于堆积如山的成品，一贯的"解释"是什么？通常，任何窥探此事的尝试都会遇到一些刁难，比如："如果明天客户紧急来电要货，怎么办？我们将怎样应付？叫他等两个星期吗？我们将失去订单！"

对不要让非制约因素资源连续生产的建议，也有传统的回答。你还记得这样的建议遇到过怎样的回应吗（当然，这是指对方明白建议不是开玩笑，并且知道我们是认真的）？对方会说："如果机器坏了，怎么办？""是的，我们现在确实有空闲时间，但明天什么麻烦都可能会发生。"事实上，你和我都非常清楚，每个工人、工程师、秘书或经理，只有当有大量工作等着他们干时，他们才会感到安全。

这种思维肯定是毁灭性的。难怪TQM会全力以赴攻击它。"不要接受墨菲的摆布，它不是上帝的使者。要专心解决问题！"这就是TQM的主要信息。一些TQM倡导者甚至高呼："第一次就要做对。"他们并不是说"永不犯错"，他们只是提出警告：不要一遍又一遍地重复同样的错误。他们不会期望一个原型在第一次就完美运行。他们在尝试改变当前的思维方式。如果同样的批次已一遍又一遍地运行，那么为什么我们还应该冷静地接受批次中的头几件产品永远都是有缺陷的？

尽管我们全心全意地支持这一强烈信息，但我们选择的方法温和得多。我们的出发点是不同的。我们完全意识到，在现实里，墨菲是无法消除的。是的，跟墨菲开战，是一项非常有价值的任务，但我们不应被自己的说法所困。干扰是可以并且应该被消除的，墨菲的影响可以大大减少，但可以完全消除吗？

因此，我们的方法应该是尝试设计一种在任何时间点都考虑到墨菲的存在的操作模式。此外，我们必须牢记，减少干扰的斗争不是短暂的、一次性的斗争，恰恰相反，这是一场持续不断的斗争。因此，我们应该要求我们的操作模式在这场永无止境的斗争中明智地指导我们。首先，它应该为我们提供一张持续的帕雷托（Pareto）清单：现在，我们应该集中精力解决哪个问题？哪个排第二？第三……

让我们面对现实吧，即使我们能将墨菲缩窄至仅涉及质量问题，一家工厂仍然有多少个质量问题要处理？百计？千计？大概百万计吧。迈向"全面质量"的步伐，只有在有意义的、能反映最新情况的帕雷托清单的指导下才能有效。

我们如何设计这种理想的操作模式？事实上，我们已定义的术语差不多足以驱使我们向正确的方向迈进。我们必须适应新术语，也要注意不要让惰性拉我们的后腿——来自旧习惯，以及新的、不成熟的热潮的惰性。

缓冲，在第20、21两章中我们已多次重复了这个词，这表明我们的方法承认干扰的存在，但我们是否因而要为每个任务建立缓冲呢？当然不是！缓冲领地一词清楚地表明，我们对保护的对象是有所选择的。实际上，选择方式非常切合实际。

形容墨菲最流行的说法是什么？一片面包掉下，有奶油的那面朝下的概率有多大？这与地毯的价格成正比，我们是否因此要保护我们所有的地毯？不，其中许多是很容易清洗的——那些非制约因素。

撇开笑话，缓冲和缓冲领地术语蕴含的基本行事方式是什么？一方面，我们肯定承认墨菲的存在，否则就不需要缓冲了。同时，缓冲领地这个词表明，我们在建立缓冲时，出手是相当吝啬的。换句话说，我们非常清楚保护是有代价的，库存膨胀会带来麻烦。因此，只有当更重要的东西——有效产出——也有丢失的危险时，我们才选择建立缓冲。

这种方式促使我们尝试进一步降低为保护而付出的代价。如果你还记得的话，确定时间缓冲的长度就是一项主观判断，我们如何证明我们选择的长度真的能代表我们心目中的权衡？必须有某种机制来查验我们是否选取了过短的缓冲而令保护不足，或者，在长度上我们本应稍为宽松一点儿，但我们实际上变得歇斯底里（缓冲过长了）。

我们解释订单所需时间的概率时所用的方式清楚表明，我们应运用该技巧。图3展示了什么？让我们再看看该图。我们决定时间缓冲的长度时，就假定一定百分比的任务在所需时间或之前已在缓冲领地中，当然，这是假设物料在预定消耗日期之前的一个缓冲时间就已发放。我们现在应该做的是查验实际情况。

如果我们在既定日期发放物料，而我们对干扰程度的估计大致正确，那么我们应该在缓冲领地找到我们预期的东西。然而，如果我们发觉缓冲领地中的任务比预期的多，这清楚地表明我们把缓冲定得太长了，将来我们应缩短它。但如果情况恰恰相反，没有在缓冲领地出现的任务比预期的多，即使到了预料的消耗日期也不出现，那么我们就应该增加缓冲的长度。是的，我们不喜欢这样做，但只要墨菲在我们组织中仍那么活跃，正如延误所显示的，那么，这就是我们为保护有效产出而必须付出的代价，这将我们直接带入下一个问题。

我们如何降低为保护有效产出而付出的代价？任何在企业待过一段时间的人都知道，任务所需时间具有很大的弹性。完成某项任务通常需要一周的时间，但如果事态紧急而我们决定亲自处理，则可以加急，在不到一天的时间内通过各部门完成。当然，一切都加急，我们只是制造混乱而已。我们可以选择性地加急，从而令缓冲的长度得以缩短吗？

答案不令人诧异："可以"。我们可以非常有效地以加急来缩短整体交货时间。想看看如何系统地做到这一点，让我们重新检视图3，图中曲线显示了任务所需时间的概率。要适当地保护制约因素，我们就得选择足够长的时间缓冲，以确保任务能准时抵达缓冲领地。图3清楚地显示，概率越高，曲线的走势就越平缓。为了将概率从90%增加至大约98%，我们需要将时间缓冲的长度加倍。

有些任务抵达缓冲领地的概率超过90%，让我们专注于这些任务吧。在这堆任务之中，那些尚未抵达的，让我们施以援手吧，把它们加急。

非常渐进的增长，就是一个信号，要加急。假设我们决定在这一进程中发挥积极作用——而不仅在预计消耗日期之前一个时间缓冲内启动任务，我们还可以选择性地加急。如前所述，有些任务抵达缓冲领地的概率超过90%，就让我们专注于这些任务吧。在这堆任务之中，那些尚未抵达的，让我们施以援手吧，把它们加急。之前我们也讲过，将任务加急可大大缩短任务所需时间，因此被加急的任务将不需要额外的很长的时间才能抵达缓冲领地，相反，它们将很快抵达。

通过加急，我们改变了曲线末端的走势，令它向上倾斜。在这种操作模式下，我们用相对较短的时间缓冲，就足以确保任务有很大机会完成。我们需要进行多少次加急呢？如果沿用我们惯用的一个任意数字，我们就为10%的任务加急吧，这个工作量我们还是应付得了的。使用这种操作模式，我们就称那个加急时段为"加急区"吧。

当然，有些事情我们还需权衡一下。如果我们不想为那么多任务加急，我们将不得不把加急推迟，这就意味着我们必须使用一个较长的缓冲。这就需要在库存和运营费用之间权衡一下。请记住，切换到这种操作模式将大大减少管理者今天花在处理"意外之火"上的时间，而"有计划地加急"所需的管理资源通常都是现成的，因此不需要权衡什么。在大多数情况下，这仅仅是降低为保护有效产出而付出的代价而已。

我们如何才能进一步将代价降低？除非有人提出一个非常聪明的主意，否则我们似乎别无选择，只能正面进攻墨菲。可是，且慢，让我们不要继续用乱枪扫射的方式。在过去，我们常常浪费时间和精力来解决我们知道如何解决的问题，最终却发现我们甚至还没有开始解决我们早应该解决的问题。在某种程度上，由于我们已成功地将保护集中在了真正需要保护的地方，因此还必须有一种方法来集中我们的努力，令需要的保护也可以减少。

如果我们继续坚持下去，也许我们可找到一种方法来找出我们最应该解决的问题。我们已在努力监控缓冲领地，以控制缓冲的长度。正是在这一点上，积累起来的所有干扰的影响出现了。因此，理所当然的是，必须有一种方法让我们利用这些相同的努力作为跳板来进攻墨菲。

23

致力于改善局部程序

我们已注意到，如果想降低我们为保护有效产出而付出的代价，我们就必须专注于最迟抵达缓冲领地的那些任务。令提前抵达的任务更提前，对提高整体表现一点儿帮助都没有。我们已根据个别情况处理了迟来的任务，如果我们能找出它们迟来的共同原因，也许我们的收获会更大。

让我们深究一下这个有趣的想法——审视我们在个别任务上所做的努力，来确定导致延迟的更一般性的原因。要任务加急，我们必须采取的行动顺序是什么？我们首先确定应该在缓冲领地中出现的是哪些任务。其中，"应该在"三个字就意味着90%以上的概率。然后，我们查看它们是否真的已在缓冲领地中，对那些没有出现的任务，我们就启动加急程序。

加急的第一步，是找出任务到底卡在哪里。找出后，我们将采取措施令其立即向前移动。然而，现在让我们添加一个小插曲——把任务滞留的位置（在哪个资源面前）记录下来。对每个加急任务重复这个动作，将产生一张资源清单，其中，有些资源将多次出现在清单中。这张清单的真正含义是什么？

假设某工作站出现麻烦，该麻烦可能影响需要某项资源处理的大多数（如果不是全部）任务。此外，如果一项资源的一个问题影响所有任务，而另一项资源的另一个问题只影响一个任务，那么哪个问题更急需处理？通过这种推理，承认许多问题都是由共同原因引起的，就让大家认识到，那些频繁出现在清单上的资源，并不是由于统计学上的侥幸才在清单上出现的。

一项资源经常在清单上出现，因为这项资源涉及许多任务都遭遇的一个共同问题的成因，可能是有缺陷的程序、不可靠的转换，也可能是保护性产能不足或资源管理差劲。无论如何，如果我们处理的是资源层面的核心问题，而不是任务层面的，我们将不必反复加急，我们在某种程度上消除了加急的原因。这样做，并通过有问题的资源清单来指导我们的TQM和JIT流程改善工作，使我们能够逐渐地、持续地缩短时间缓冲的长度。

这是否意味着时间缓冲的长度将不断缩短下去？不一定。有时候，很可能由于交货期缩短，有效产出会增加，这将导致生产负荷加重，保护性产能就会被侵蚀，那么作为弥补，时间缓冲就有必要加长。如果执行正确——并一直懂得将注意力集中在赚钱的目标上——该程序将导致库存量受控地波动。

这将促使我们扩大努力的范围，令清单上的资源更可靠。请记住，找核心问题所需的时间总比清除该问题所需的时间短得多。所以，我们不应因为加急行动中得到的数据所产生的一些附带好处就心满意足，而应该扩大我们的追踪行动，把一些我们目前未打算加急的任务也囊括在内，这类任务还有足够的时间，尽管未进入缓冲领地，但它们进入的机会是很高的。为了令我们的努力处于一个合理的水平，我们假设，我们将跟踪（尚未加急）一些任务，这些任务进入缓冲领地的机会超过60%。完成任务所使用的资源也将被添加到清单中，而清单是通过我们的加急行动生成的。

将跟踪范围扩大，不仅丰富了统计数据，也将改善统计数据。你看，对于许多任务，如果我们很迟（抵达概率已超过90%）才开始跟踪，那么我们可能无法在导致延迟的资源面前找到它们。也许到时这些任务已通过了问题资源，因此那些不在生产流程前端的资源很难被加急流程揪出来。

无论如何，当任务被延迟（而不仅仅是紧急）及卡住时就开始跟踪，这将大大改善我们的统计数据。我们也不宜做得过了头，每项任务一发料就跟踪，是不对的，更多不代表更好。马上开始跟踪，不但会令我们的工作量增加一倍以上，也会令所出清单的有效性模糊起来。

总而言之，好好管理缓冲会为我们带来几个好处：它令我们能够根据现有干扰——"量化了的'噪讯'"——来确定缓冲的长度；它令我们能够系统地、有条不紊地为任务加急，从而缩短任务整体所需时间；然后，跟踪被延迟的任务的位置，并以每项资源在清单上出现的次数（大概还使用适当的加权因子）来定优先顺序，这就可以为我们提供所需的帕累托清单，这份清单将引导我们的"生产力改善计划"。但是还有另一个更重要的好处要提一提。

我们必须牢记的是，当要处理一个有问题的资源（一个经常出现在清单上的资源）时，我们可能会发现，它的程序状态良好。资源在清单中出现，不是因为程序问题，而是因为它没有足够的保护性产能，因此，缓冲管理为我们提供了唯一已知的机制来估计我们的资源所需的保护性产能。

量化墨菲，就是量化时间缓冲的长度及所需的保护性产能。

有一件事大家要小心。到目前为止，我们说的所有事情都可以轻松地手动完成，除了那些可能需要通过较严格的（关乎实际交易的）资源报告来进行广泛跟踪的行动。还有另一个重要问题可能无法完全手动解决，即如何调整时间缓冲的长度来针对保护性产能的波动。让我们澄清一下这个微妙的话题。

在处理保护性产能问题时，我们必须提醒自己，任务所需时间长，主要是因为资源的"非即时可得性"。同一枚硬币的另一面是，产品组合的变动会大大影响对保护性产能的需求，由于这些变动，资源可能会频繁出现在我们的跟踪清单中。我们应该提醒自己的是，这个问题不是由我们保护制约因素引起的，我们的系统动作模式清晰地揭示了这点。但现在，也许我们应该澄清为什么我们称这个为一个问题。这是一个问题，原因是灵活的额外产能所涵盖的范围非常有限，通常仅限于可得的加班时间。今天，我们其实是通过增加更多永久性产能来应对，尽管这些额外产能，根据定义，偶尔才会用上。我们实际上不得不令剩余产能增加。

乍一看，似乎我们被环境的随机性所困，就手动工作而言，实际的确如此。但有一条出路，前提是我们拥有电脑那样的耐心来进行海量计算，而又不会感到无聊至死。

想避免因产品组合的频繁变动而增加永久性产能，方法源于保护性产能和缓冲时间长度之间的权衡。但这需要根据"动态缓冲"来进行排程，因此，最好推迟这个话题，直至我们处理排程那个方框时。

重新审视我们在本章所说过的，似乎我们干了一件事，但实际上完成了更多。也许我们应该继续朝这个方向奋进。我们打算"量化墨菲"，这是通过监控时间缓冲的长度的机制来办到的。但我们获得的不止这个，我们发现了一个系统的机制来监控加急行动——不是在损害发生之后，也不是救火式的，而是以建设性的方式，并不针对特定的紧迫任务，而是专注于缩短所有任务的所需时间。实际上，我们实现了我们可能开始称之为控制的功能。

跟踪被延迟的任务的位置，我们就可以得到一个构建帕雷托清单的机制，既可指导我们局部改善的努力，又可量化每项资源所需的保护性产能。正如之前所暗示的，我们现在正打算跟踪大量延迟的任务，最后一步可以通过报告各宗交易来更有效地完成，而不是通过烦琐地跟踪任务的每个枝节来完成。

报告交易，就将整个话题推向控制方向，同时引发令人困扰的、众所周知的交易准确性问题——或者说，交易不准确性问题！不准确性通常会削弱交易报告上的数据的实用性，但也许我们可以一石数鸟。我们能否大大提高交易报告的准确性并及时掌握，同时回答另一个仍悬而未决的管理问题？

让我们面对现实吧，大幅度改善已报告交易的准确性并及时掌握的方法是，令其成为报告审阅者的兴趣所在。如果不是他们自己的衡量，那么这些人的头等大事是什么？我们已身处这个层面——正在寻求每个任务中各个步骤的进度数据，何不再迈出一小步，尝试找出如何将这种努力转化为解决局部表现衡量这一长期存在的问题的答案呢？

我们不要忘记，如何客观地和建设性地衡量过去的局部表现，是最迫切的管理问题之一，如果我们能圆满地回答这个问题，我们就可以名正言顺地称这部分的信息系统为"控制"。

24 局部表现衡量

我们正朝哪个方向走？除建立缓冲管理，并将重点放在改善实体性程序外，我们还必须构建适当的局部表现衡量，即能促使员工做对公司整体有利的事的衡量。为了从公司最强大的力量——人的直觉——中获益更多，我们需要引入更好的表现衡量系统。用效率及方差来衡量局部表现，只会驱使我们的员工做一些事情——跟我们希望他们做的正好相反。

今天，对更好的局部表现衡量的需求已众所周知。遗憾的是，有些人尝试以"非财务衡量"之类的东西来回应这个热切需求，如每百万个零件中有多少个是坏的、准时交货率。正如我们之前所说的，只要公司的目标是赚钱，只要衡量是我们（在追求目标上）的表现的"法官"，衡量单位就必须包括——根据定义——金钱单位。我们必须更深入地研究，以揭示构建局部表现衡量的正确方法，我们必须这样做。记住，衡量的问题可能是组织中最敏感的问题。

> 告诉我你如何衡量我，我就告诉你我将如何行事。

我毫不犹豫地称表现衡量为"控制"。我知道这个词所带来的负面含义（这些都是由司空见惯的被扭曲的系统所造成的）。不管怎样，衡量就是控制，自我控制及系统控制都在其中。

让我们再次强调这一下，因为控制一词是最常被滥用词语之一。例如，当我们讲"库存控制"时，我们指的是什么？有办法知道库存所在的位置？这根本不是控制，这只表示收集数据的能力。对于我（也可能包括你）来说，控制意味着知道物料在哪里，它们应该在哪里，以及谁要对任何偏差（deviation）负责。而且，控制不是以零星的、偶发的、一宗一宗的方式，而是通过一个程序不断地给每个负责执行的部门一个数值。

这是我们向人们提供有关他们的行动所导致的最终结果的非常有必要的反馈的唯一方法，如果整个程序涉及公司里许多人，包括偏远的部门，这一点就显得更重要了。然而，这种对待局部表现衡量的方式给了我们一个非常有趣的角度。局部表现衡量不应判断最终结果，而应仅判断被衡量的局部对最终结果所产生的影响。局部表现衡量应判断计划在执行方面的质量，并且这项判断必须与对计划本身的判断完全分开。

这在我们的组织中尤其重要，因为我们负责执行的部门通常跟计划本身的制订几乎完全无关。如果我们不谨慎行事，没有将对执行的判断跟对计划的判断分开，我们就可能奖励一个部门，说它表现出色，而实际上该部门的表现却不佳，但计划足以弥补部门的不佳表现。或者，更糟的是，我们责骂一个部门，但其表现是一流的，问题实际上在计划本身。

这些警告给我们带来直接的结论是，当我们正确判断局部的表现时，实际上我们判断的是偏差——执行预定的计划时出现的偏差。计划本身的质量应该由我们一直在用的衡量来判断——有效产出、库存和运营费用。可是，偏差的正确衡量是什么？

首先要认识到，执行计划时出现的偏差，可能以两种不同的类型出现。最直接的偏差类型是"没有做应做的事"。这类偏差，今天理所当然地引起几乎所有人的关注，它主要只影响一个衡量。如果我们没有做应做的事，有效产出将下降。但还有另一类偏差，是的，你猜对了，它就是"做了不应做的事"。这类偏差会对哪个衡量不利？当然是库存。

我们如何系统地将这些明显的观察结果转化为定义明确的衡量？也许我们应该问自己，我们正使用的衡量是什么？偏差绝对是一种负债，没有人会称其为资产，这是肯定的。负债的衡量单位是什么？有通用的单位吗？让我们尝试找出答案，举一个明确的负债例子——一笔银行贷款。这绝对是负债。该项贷款的衡量单位是什么？我们用什么单位来衡量该项负债所造成的损失？

当我们从银行贷款时，我们承受的损失（我们必须支付的利息）不仅看我们借入的是多少钱，我们还被问打算借多久。我们要付出的利息是多少，关乎贷款额乘以我们借钱的天数。贷款的衡量单位是元乘以天，或者简称"元—天"。是不是这样？我们每次面对负债，特别是偏差时，我们都应该用元—天作为衡量单位吗？

为了检查这个有点疯狂的说法，让我们首先尝试将一家工厂视为一个局部单位，我们要衡量它的执行情况。在工厂层面，第一类偏差（没有做应做的事）的最终结果是什么？答案是显而易见的：结果就是无法准时交货。缺货的适当衡量是什么？

由于在一家常规公司中，各订单的价值差异很大，产品售价的差异也很大，因此我们不能用订单数量或延误的产品数量作为衡量单位（尽管很奇怪，但用百分比来表示产品数量的变化仍司空见惯）。此外，有理由认为，我们应该以某种方式也考虑订单已延迟的天数，不能把延迟一天的订单与延迟一个月的订单同等对待。

关于交期延误，一个合乎逻辑的衡量方法是：我们应该将每张延误订单的销售金额乘以该订单已延误天数。然后将所有延误订单的乘积加起来，我们就有了一个公平的衡量，知道工厂在准时交货的责任上偏差的程度。并不太奇怪，衡量单位元—天仍管用，当中的元反映了销售价格，而天则反映订单延误了多久。

我们是否可以用相同的基本技巧来量化公司各部门及资源的第一类偏差？我看不出为什么不这样做。

在部门层面，"元"代表什么呢？没有理由不继续使用最终订单的销售价格。归根结底，就是因为这张订单被这个部门延误，所以我们无法准时交货。是的，这个部门只搞垮一个零件，但公司将为此承受多少潜在的损失？不是一个零件的价格，而是整张订单也无法准时收到钱了。

如果两个不同的部门在同一张订单的不同任务上延误，又该怎么办？两个部门何不都用整张订单的销售价格？我们不打算平分罪责，我们只希望各部门知道一个部门的偏差会令公司蒙受多少损失。记住，每个部门的偏差，我们不可单独地看。哪怕只有一个部门赶不上，我们仍然不能准时交货。此外，我们无意把所有部门的偏差加起来以衡量整个公司。因此，每个令订单延误的部门都用整张订单的销售价格，不会造成任何失真。

关于"天"，我们应该以什么为参照标准？部门延误一项任务，应从哪天算？等到订单的承诺交货期才开始算？这有点儿不对头，风险太大了。要记住，由于局部表现衡量是基于偏差的，因此，当麻烦出现时，所涉部门就应发出信号。如果我们等到那么迟才扯起红旗，损失就无法避免了。到时唯一可以做的事，只是将损害最小化而已。这有违我们新近的觉悟——交货必须100%准时。那么我们应该选择以什么作为起点来发出偏差信号（从而量化并开始累计偏差）？

也许，一个合理的选择是，当部门的偏差已触发公司的纠正措施时，就开始发出信号。我们其实已定义了这些时间点，还记得加急区吗？让我们回顾一下加急区的含义。有时候，由于某个部门的偏差，公司会采取行动。每当一个任务没有抵达缓冲领地（尽管物料发放已够早了，足够让我们认为它有超过90%的机会到来）时，这个时间点就出现了。因此，天数可以由任务开始侵蚀加急区那天起算，而不是从订单的承诺交货期起算。这就给了我们时间，能在整个公司遭受损失之前就纠正该情况。

也许这仍然不足够，也许我们应该更早就开始计算天数。我们可以说，公司的行动（相对于部门的行动）其实在加急行动开始之前很早就已启动了，当我们由于偏差开始跟踪任务时，这个时间点就出现了。我们应不应该由这个时间点开始算呢？也许吧。

那么，我们把订单销售价格乘以自公司开始采取纠正措施以来经过的天数，我们将如何看待所得出乘积呢？应该把它丢给谁？丢给导致任务延误的人。我们怎么知道是谁导致的延误呢？——成立一家调查组织吗？这家组织必须比美国联邦调查局大很多，更不要说迫使公司不得不采取行动的那种吵吵闹闹、争辩不休的气氛了。请记住，公司内最敏感的事项是个人表现的衡量。

你如何看以下大胆的建议？看看那个延误的任务现在在哪个部门手中，就将罪责（所得元—天）"分配"给这个部门。"分配"是根据当前的情况，而完全不用考虑实际上是哪个部门造成的偏差。这看起来不公平，可能延迟的任务刚刚在一分钟前才抵达该部门，现在我们却把所有罪责都"分配"给这个跟延误完全无关的部门！

乍一看，这个直截了当的建议可能有点儿不公平，然而，且慢——我们实际上试图达致什么？不要忘记我们的初心。我们正在尝试衡量局部表现。为了什么目的？为了激励局部单位做对公司整体有益的事。从这个角度来看，你认为部门现在会做出什么样的反应？这个部门刚迎来了一个延误的任务，元一天数字也随之而来了。我们当然知道这个部门会做出什么样的反应，肯定是在狂骂导致整个乱局的那个部门。

这个部门，现在接手了延误的任务，将采取任何可能的措施来消除"惩罚"，方法是尽快将延误的任务传递给下一个部门。将任务移至下一个部门，就可以将随之而来的元一天"惩罚"送走。如果出于任何原因没有采取行动，"惩罚"势必迅速加重。请记住，元一天数字会随着时间的推移而增长，我们实际上得到了我们希望得到的确切行动——延误的任务将被加急，像一个烫手山芋那样，由一个部门传至另一个部门，这个衡量本身已触发了自行加急。

那么，关于此举不公平之说，又怎样看呢？此举的群体性影响又怎样呢？当沿着时间轴来观察这个衡量时，我们就会发觉这种蛮力技巧其实是一个非常公平的衡量。作为例子，让我们看看图4~图6，它们代表三个部门不同时段的"有效产出元一天"（throughput dollar-days）衡量。

我们可从图4了解到第一个部门的一些什么？那几个尖峰已说明一切，该部门当然不是偏差的来源，它接收延误的各任务并快速完成，送交下一个部门，干得很出色，表现非常好，元一天平均值很低。

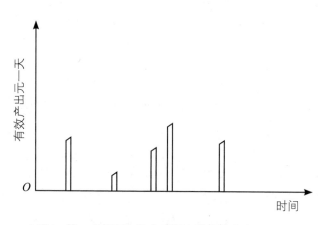

图4　第一个部门在特定时间内的有效产出元一天

第二个部门（见图5）演绎的是完全不同的故事。该部门绝对不是偏差的因由。当任务抵达时，已经延误了。可是，该部门处理得温温吞吞，容许那些任务在部门中停留相当长的时间，令情况更紧急了。当然，结果是元一天增长了。

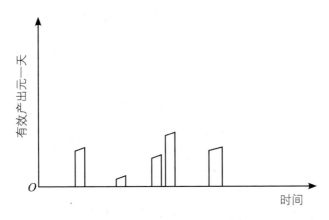

图5　第二个部门在特定时间内的有效产出元一天

第三个部门绝对是偏差的根源，图6清楚地显示了元一天的增长，从零直至任务最终被移出该部门。元一天平均值是三个部门中最高的。既然我们已看清楚这三种态势，你是否仍然认为将元一天分配给任务当前所在的部门是不公平的？

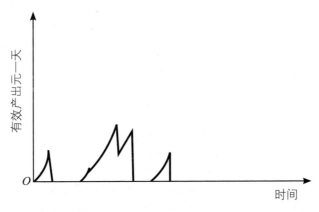

图6　第三个部门在特定时间内的有效产出元一天

毫无疑问，你已经注意到了，这种衡量完全适用于我们组织中的每个部门，无论是工程部、运输部，还是财务部。关键问题始终是相同的：现在，是谁在阻碍着订单的进度？例如，不难想象，在这种衡量下，即使一个大型系统数百张图纸中只有一张还没有提供给生产部，工程部也不敢怠慢。

然而，另一个令人不安的想法开始悄悄浮起。这种衡量是否会鼓励草率的工作态度？在元—天不断增长的压力下，部门会不会取巧，将尚未妥善完成的任务匆匆送交下游部门？推送只是为了传球，把"责备"丢至别人的肩膀上？如果是这样，我们通过自行加急所得的，只是制造了一个我们不希望碰到的情况而已。

让我们冷静地检查一下。假设一个部门生产了一个劣质零件。劣质零件必然会被发觉，可能通过下游部门的操作，或者通过非常不满意的客户的投诉。在这种情况下，让我们将相关元—天"分配"给质量控制部，是的，给质量控制部。

我希望，你的公司已正在广泛使用统计程序控制（SPC）。该技术对确定哪个零件有质量问题非常有用，但其真正的威力在于能够确定质量不佳的根本原因，确定造成缺陷的工序及部门。一旦确定了，你就把元—天分配给引起质量问题的那个部门吧。

该部门现在因过去所犯的错误而被惩罚，一定难以泰然处之。请记住，我们在讲的可能是一张相当时日之前的订单（尤其是当涉及客户退货时），"天"数将非常可观，因此产生的元—天惩罚也相当重。毫无疑问，任何部门都宁愿在任务离开部门之前多检查质量。由下游部门揭发的任何质量问题都将令这个草率的部门更头痛。效应是惊人的。我们原本担心这种衡量会导致质量缺陷。但事实证明，它直接促成了TQM最珍惜的运营模式：从源头开始，就要有高质量。

质量控制部又如何呢？为什么它们也要受苦？让我们停止用这些消极的字眼——责备、受苦……我们试图做的是发出适当的信号，让人们知道专注什么才能令公司的整体获益。在上述例子中的质量控制部，它们真正的主要职责是什么？宣布某个零件有缺陷？就是这样吗？甚至更糟，坐在一大堆零件上，试图弄清楚是否应该把它们报废，同时没有人知道我们是否应该立即启动替换零件程序，也没有人知道质量控制部手中的零件会否被发觉其实是良好的。

质量控制部的实际工作是查明质量问题的根源，以便相关资源采取行动，一劳永逸地消除问题。看来，将由于质量问题而产生的元—天分配给质量控制部，不仅推动它们完成真正重要的工作，而且为它们提供了所需的帕雷托清单。

看看我们现在身处何方。显然，我们还没有完成探索使用有效产出元—天这个有趣想法的所有后果。我们仍需处理导致库存膨胀的第二类偏差，我们也需要面对关乎运营费用的局部衡量。这些偏差必须得到控制。我们将如何进行？本章已是本书中篇幅最长的一章了！

似乎我们开始陷入我们试图警惕的陷阱：忽视了我们正在努力实现的目标。不要忘记，我们正在尝试设计信息系统的组成和结构。按照这个速度，我们永远不会抵达那里，让我们回到我们的指导原则：只聚焦于概念性的信息系统的结构，每当需要打开一个新的潘多拉魔盒时，要避免过度沉醉于那些有趣的新话题。我们只提供准则，而不提供完整的深入分析。

因此，对那些想知道多一点关于局部表现衡量的人，我们只能说，《TOC期刊》第1卷第3期有较多材料。

我们必须继续前进。

25 信息系统必须由排程、控制和"要是……会怎样"模块组成

由于已处理了那么多话题，现在是时候看看下一步我们该怎样走了。我们通过自己的定义，厘清了数据和信息之间的混淆。对我们来说，数据是"描述现实的任何字符串"。我们选择将信息称为"对所提问题的答案"。为获得所需信息而需要先拿到的那些数据，我们称之为"所需数据"。

由于这些定义，我们面临着信息不易获得而必须从所需数据中推论的情况。这些情况迫使我们意识到，推论程序并非信息系统之外的事物，对许多类型的信息来说，决策程序本身必须是信息系统的组成部分。

由于意识到这一点，并认识到当前已有的系统，我们决定把提供随时可用的信息的系统称为"数据系统"，并将"信息系统"一词留给那些提供特殊信息的系统，这些信息只有通过决策程序才能获得。

只需查看几个管理问题，我们就难免发现：有时候信息是按层次结构组成的，一个层面的所需数据，就是另一层面的信息。另外，我们还遇到一个很重要的问题，那就是所需数据本身我们没法拿到，只好通过决策程序来推断。这些情况使我们认识到，周密的信息系统必须按层次结构组建。

对于工业用信息系统，很明显，在信息金字塔的顶部，我们必须回答主要针对制约因素的松绑或防止不必要地制造新制约因素的管理问题。属于这个层面的问题包括：应否投资的决定、自制／外购的决策、采购问题，当然，还有在产品设计和销售／营销上让人左右为难的问题。我们决定将信息系统的上层部分称为"要是……会怎样"阶段。

事实证明，为了能够开始回答这类问题，我们还必须首先沉浸在生成所需数据的程序中，这些数据本身并非信手拈来，其实是其他两种管理问题的答案。

事实证明，最基本的事项就是找出当前系统的制约因素。我们的分析清楚地表明，即使找出当前的制约因素（更不用说"要是……会怎样"分析所制造的制约因素了），我们也别无选择，只能解决长期以来如何为公司的操作进行排程的问题。因此，信息系统最基本的阶段是排程阶段。

我们决定将有关如何可靠地为生产活动进行排程的详细讨论推迟到后续部分，而先澄清将组织遇到的干扰量化的过程中涉及的另一类所需数据。由于这是全新的话题，我不得不花上大量时间来阐明当中的基本术语。在这个过程中，我们越来越相信，这个阶段的信息系统实际上正在处理围绕控制事宜的管理问题。

控制阶段具有量化墨菲的能力，这对于在掌握库存和保护性产能之间取舍至关重要，因此也对能否相当可靠地回答任何"要是……会怎样"问题至关重要。而且，需要相同的机制来提供仍然必需的不同类型的信息，其一是我们应聚焦于何处来减少墨菲的攻击——应聚焦于哪里来改善操作；其二是急需的局部表现衡量。

到目前为止，我们已确定信息系统需要由三个阶段或方框组成："要是……会怎样"、排程和控制。我们还确定了"要是……会怎样"方框不可能在其他两个方框开始运作之前就出炉，原因是这两个方框提供的信息，正是"要是……会怎样"方框所需的数据。但排程和控制方框之间是什么关系？它们是彼此完全独立的，还是一者是另一者的先决条件？

即使粗略地查看，我们也会发现，在排程方框运行之前，不能使用控制方框。我们说的控制是什么意思？知道东西在哪里（相对于东西应该在哪里）。我们应该控制相对于预定计划的偏差，因此，必须在控制之前就编制定排程——计划。可是，让我们在概念上检查一下，我们试图更详细地控制的到底是一些什么东西，从而令我们能够揭示排程方框必须满足的要求。

影响有效产出的偏差，以及影响库存的偏差，就是与合乎实际的计划的偏差。这意味着我们的计划——排程——必须能应付墨菲，否则它就不合乎实际的计划。排程方框必须根据工厂中估计的墨菲的活跃程度提供一个计划。只有这样，排程方框才能提供合乎实际的排程和控制，努力减少墨菲的影响，排程方框才有现实意义。

因此，必须为排程阶段提供缓冲时间和所需保护性产能规模的粗略估计，这些估计稍后将在控制阶段再确认一下。在我眼中，在用其他两个方框确定可靠的保护性产能规模之前，就尝试用"要是……会怎样"方框，只是浪费时间而已。

行动计划现已摊开来了。信息系统必须构建的第一阶段是排程方框，所需唯一数据，除常见的外，就是对现有墨菲的影响的粗略估计。这个方框一旦启动了，第二个方框——控制——就可以运行，只有两者都运行一段时间了，我们才能达到信息系统的最终目的地：能够回答我们的"要是……会怎样"问题。

现在，我们需要开始考虑第一阶段——排程方框——的结构，但方式大不相同。我们只刚刚抵达基础，因此我们再也不能容许任何事项悬而未决，不能只提出一些概念性方向就算完事。从现在开始，每个细节都必须被仔细推敲。

第三部分

排程

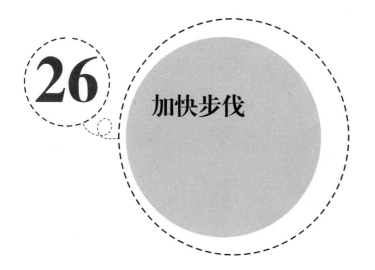

26

加快步伐

那么，我们现在得面对一项没有多少人会羡慕的任务——确定如何排程。这是一个简单但有点儿沉闷的技术性任务吗？可能两者都不是。别忘了，排程是MRP的主要目的，然而，经过30年的艰苦努力，我们现今身在何方？所有从业人员都普遍认为，尽管付出了所有努力，但MRP并不是一个排程程序，而只是一个非常必要的数据库。

这点并不令人太奇怪，因为MRP的开发者并没有以有效产出为基础的决策程序。这就是为什么——正如我们前面所指出的——在过去的30年，几乎所有额外的努力都倾向于（徒劳的）尝试扩大数据的可得性。现在，起码我们能享受到这些努力的一点点好处——在设计排程阶段时，我们不用担心找不到大部分基本数据，每个人都能以某种形式获得这部分数据。事实上，形式通常不止一个，你经常会发现，不少公司有几张物料清单，都是关于同一产品的。

似乎我们仍然不得不重新查看我们的电脑现今是怎样处理数据的。看，我们在MRP方面的经验给了我们另一个非常不愉快的教训。编制排程所需的时间——哪怕只是不甚精确、相当皮毛的排程——实在太长了。在小型工厂，我们通常讲的所需时间是几小时的电脑时间；对于大型的复杂组织来说，整个周末有时也是不够的。这真的是一个值得担心的、现在就得面对的主要问题吗？或者，我们是否踏进了一个陷阱——方案还没有概述清楚，就过早地讲如何润饰它？这是一道围墙，我们想撼动这道围墙，难道就是为了尝试拒绝面对开发一个"够好的"方案的需求？

换句话说，编制排程所需时间的长短，是阻挡我们使用信息系统的决定性因素，还是小事一桩？乍一看，似乎需要编制一个排程。我们希望尽快拿到它，越快越好，但这其实无关宏旨，只要我们最终拿到它便行。可是，这不可能是一个概括性的答案。

要证明这个，十分简单。就假设编制一周排程所需时间超过一周。如果是这样，这种方法肯定是不切实际的。编制时间并不是一件琐事，它是设计解决方案时必须考虑的基本要素。看，编制排程所需时间必须有一个上限，一旦超越上限，该方法就会被认为是毫无价值的。

这有什么大不了的？为什么我们要浪费时间在这么显而易见的事情上？因为我们的不耐烦有可能来自一个未经证实的假设——排程问题的最可行解决方案（不用额外的功夫）都在可容忍的时间范围内。真的是这样吗？看来肯定是这样的。根据我们的排程经验，我们已对该上限有了合理的估算。我们知道，我们可容忍几小时，甚至整个周末的排程编制时间……

那么，为什么我们还要担心编制的时间限制呢？且慢，不用急。我们的经验源于现实，在现实中，我们将排程本身作为最终目的，而不是将它当作其他步骤的必需步骤。是否有以下这种可能——当我们把排程视作一个更大程序——"要是……会怎样"程序——的一个阶段时，我们的直觉就会要求将时间上限降低、再降低，直至编制横跨数周的排程所需的那么多小时被认为是绝对无法容忍的？

为了弄清情况，假设你是一名经理，正试图在几个选择中做取舍。我们不要忘记，绝大多数管理问题不仅会产生短期影响，也会产生中期影响。例如，在第17章所述的问题中，每个问题涉及的时间有多长？从几个月到几年都有。如前所述，要可靠地衡量每个选择，我们必须揭示它们对系统制约因素的影响，因此必须编制整个相关时间段的排程，这是一个详细排程。

如果使用传统方法，我们需要多少时间？当然是很多小时，甚至数天。如果你必须花费大量时间来检视一个选择，而你还有其他多个选择要检视，那么你真的相信你会用该信息系统吗？不可避免的结论是，我们在排程阶段就应该要求在一两个小时内完成整个公司的长期详细排程，这是一个令人心惊胆战的要求，但不可能避免。

为了大幅度减少排程所需时间，我们似乎别无选择，只能重新检查每个耗时的步骤，甚至查看传统MRP系统当前处理数据的方式。非常小心地查看，从而了解大部分时间到底花在了哪里。再次强调，每当面临一个长期存在的问题时，我们似乎就别无选择，必须深入探究问题的根源。

为什么MRP的运行需要这么长的时间？电脑是以极快的运行速度闻名的。以我们对电脑的认识，我们明白，电脑涉及两个速度——计算的速度，以及存储和获取数据的速度。两者都挺厉害，但两者是截然不同的东西。

使用我们所谓的中央处理器（Central Processing Unit, CPU）及电脑记忆体，电脑的计算速度非常出色。即使个人电脑，也可以在不到百万分之一秒内得出两个很大的数字相乘的结果。当在磁盘读取或写入一堆数据时，电脑的速度会大不相同。我们称这种操作模式为输入／输出（I／O）模式。即使我们讲的是市场上广泛使用的、速度最快的磁盘，我们的处理时间也超过了百分之一秒。一个很不错的速度，但与计算速度相比，这只是蜗牛的步伐。

我们编写当前可用的排程程序包的方式，无疑突出了一个事实，即电脑的大部分时间都用于将数据读取和写入磁盘，来来回回。每个专业人员都会毫不犹豫地告诉你，MRP"完全受I／O所限"。用更简单的话来说，这意味着绝大部分时间都没有花在计算上，而是花在数据的内部推送上。即使CPU时间只占总时间的很小部分，但仔细检查一下，你就会发现，这其实往往只是用于处理数据的那些CPU时间。实际上，我们等待电脑交付排程的总时间中，只有极小部分专门用于计算。

一定要这样还是我们可以采取一些措施来改善现有状况？事实证明，我们编写电脑程序的心态，仍然受以往的技术性限制所影响，这些限制其实现今已被完全克服，即使在最小的普遍的个人电脑上。

之前，程序员并没有威力强大的电脑可用，这里所说的威力强大，是指有超过一百万字节，并能够进行在线数据处理。我们所有经验丰富的程序员和所有程序编写教科书，都是基于在这个环境中所得的经验，在这个环境中，他们必须学懂如何在内存不足的情况下仍然能够撑下去。

即使大型电脑登场了，电脑记忆体也有数以百万计字节了，每个程序员都知道，如果一个程序需要使用大量内存，则该程序将不得不排队等候多个小时。记住，那些大型电脑同时有许多人在用——与我们的个人电脑世界有很大的不同。在内存不足的限制下，我们别无选择，只好存储然后读取变动中的数据（尤其当我们回忆起平均故障间隔时间只有几小时时）。

过去的限制所产生的惰性，掩盖了电脑的偏好与人类的偏好之间的巨大差异。假设你有两张清单，每张清单有50行。一张清单详细列出了每种物料的价格，另一张清单详细列出了要购买的每种物料的数量。你想知道你将要支付的总金额。一个方法是将第一张清单中的每个数字乘以第二张清单中的相应数字，然后将50个结果相加。或者，你只需"翻页"就能看到最终答案。你打算选哪个？毫无疑问，"翻页"。但是，在当今许多电脑软件上无法这样做。

在当今许多电脑软件上的"翻页"操作，其实是从磁盘读取两张清单上的数据各一，放入电脑记忆体中。这个I／O动作将花费电脑几百分之一秒的时间，然后进行乘法，将结果写回磁盘上，这一连串的动作需要进行50次。另一方面，如果电脑记忆体中本来就有那两张清单，那么就直接进行50次乘法，然后将结果加起来，电脑只花费几百万分之一秒的时间。电脑更愿意进行一千次运算，而不是从磁盘上读取最终结果。

市场上的软件包通常都没有利用这种强大的计算威力而是来回访问磁盘。其实，在电脑记忆体中一口气进行所有运算，会快得多。当然，后者需要在电脑记忆体中存有更多的数据，但正如我们之前所述，内存的限制现今已大大减少了。如果注意到计算速度和读取速度之间的这种差异，我们就可以将电脑总运行时间缩短到1/1000以下。

这基本上就是我们需要做的，但即使你有很多内存，若不懂得利用，限制就仍然存在。因此，我们应该检视我们存储和处理数据的方式，这将决定整个运行时间，从而决定整个信息系统的可行性。

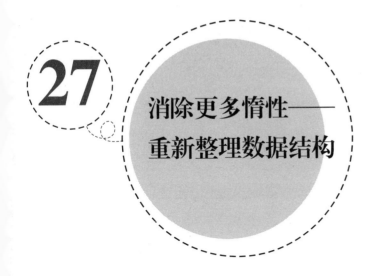

27 消除更多惰性——
重新整理数据结构

排程中最烦琐且最耗时的部分是"爆炸"程序。"爆炸"意味着从订单层面（外部需求）开始，并沿着产品结构向下深入探究，以确定下面各层面的需求（包括数量和时间）。较低层面包括装配、零件生产和采购。

如今，产品结构通常不被视作一个实体，相反，而是分为两个单独的类别：物料清单（Bill of Materials，BOM）和工艺路线（Routings）。这种分拆令我们不得不在数据库的两个不同部分之间跳来跳去，这自然会大大拉长电脑的反应时间。可是，仔细想想，物料清单和工艺路线其实都是物料必须在生产部中走过的"旅途"的描述，物料最终转化为能满足客户需求的东西。那么，为什么搞这么别扭的细分呢？

当你问系统设计师"为什么将产品结构的档案细分为BOM和工艺路线两个档案"时，他们的回应实在令人惊讶。通常你会听到一大堆令你晕头转向的技术名词，或者一些笨拙的、形而上学的论调。其实，我们在这里面对的只是我们的老（但不那么好）朋友——惰性而已。是的，有一个非常实际的（几乎是强制性的）理由来搞细分，过去的确有这个理由，但这个理由今天已不成立。

让我们进行一轮"考古挖掘"，以揭示此中真正原因。回到20世纪60年代初期，那时候MRP的主要工作就是概念性设计，当时唯一可用于存储大量数据的存储设备就是磁带。在磁带上，只能以顺序方式存储和读取数据。这一技术局限性给MRP的设计师带来了很大的麻烦。

请看图7，并试着想象一下当他们面对这样的产品结构时的情况，两个不同产品最终都使用了部件A。

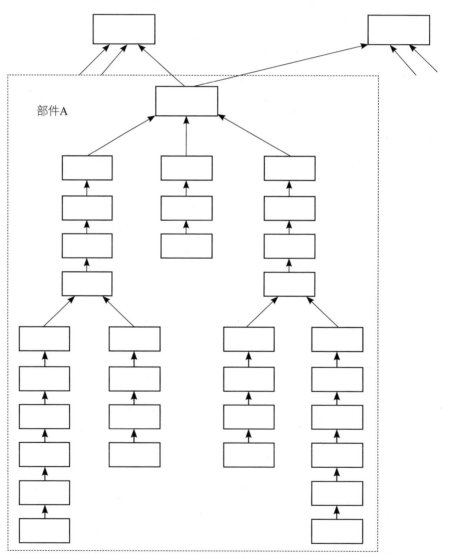

图7　两个不同产品都需要部件A

图7描述得尽管很自然，但当存储设备是磁带时，这个是办不到的。他们因此将部件A的完整描述放在第一个产品中，而在其他产品中只提及一下部件A，如图8所示。

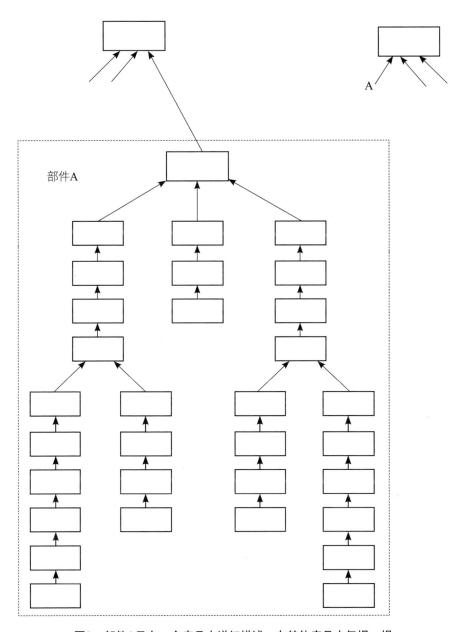

图8　部件A只在一个产品中详细描述，在其他产品中仅提一提

然而，这样做会发生什么事？每当一个其他产品需要被"炸"开时，磁带就必须倒回，以获取部件A的细节。你知道倒带需要多少时间吗？不再是几分之一秒，而是以分钟计，更不用说这么频繁的读带和倒带，磁带可能在运作结束前已被撕裂。

另一个差劲的选择是，对每个需要使用部件A的产品都详细描述，如图9所示。

图9的麻烦不仅在于"爆炸"导致需要存储大量数据，更大的麻烦在于如何维护各产品现在都有的部件A数据。假设部件A的细节现在改了，大部分产品的资料都得更新，但并非所有——总有一些被遗忘了。不久，各种描述的差异终于达到一定程度——整个系统都不能用了。

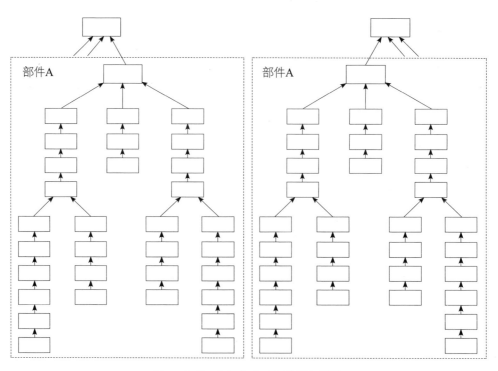

图9 部件A在每个产品都被详细描述

面对这些可怕及糟糕的选择，MRP的设计师决定采用折中方案。他们提出了BOM和工艺路线的概念，他们将部件A的结构资料——我们今天称为BOM的东西——放在各产品的描述中，而把大部分工艺资料（如工序所需时间、所用机器类别等）——我们称为工艺路线的东西——只存储在一处，如图10所示。这是一个完美的解决方案吗？远远不是，但已算有效了。

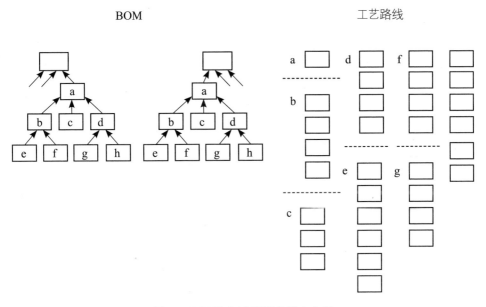

图10 BOM和工艺路线的折中方案

之后，磁盘取代磁带作为资料的存储方式。磁盘令直接阅读变得可能，再也不只限于顺序的方式，只要移动磁盘的磁头，像播放唱片那样，我们就可以直接抵达档案的任何位置。磁盘消除了导致原先麻烦的技术性限制，但这个时候已太迟了。BOM和工艺路线的概念早已根深蒂固，没有人敢站出来质疑这项"神圣"的拆分。

明白了当今电脑的威力，我们选择的产品结构的表达方式就不应该把BOM和工艺路线拆分开来，各自代表"旅途"的一个阶段。我们应回到最根本的结构，如图7所示。物料"旅途"上的每一步，就等同于传统的零件编码／工序编码（part-number／operation-number）。这是一个小小的改动而已。

对于一个没有在MRP环境中摸爬滚打多年的人来说，此举看来不像什么改变，只是很自然的选择而已。但这对电脑运作所需时间的影响是相当深远的。将传统的BOM与工艺路线合拢起来，大大减少了我们阅读磁盘的次数，从而将整个程序的速度加快了数以十倍计。由于惰性，我们付出的代价是多么的大！

可是，让我们不要停下来，让我们把更多数据档案加进产品结构中。当今大多数系统还有两个档案，通常分别被称为"仓库库存"和"在制品（WIP）库存"。基本上，仓库库存档案所载的是可用的零件、部件、原材料数量，而WIP档案所载的是尚未完工的零件数量。为什么分成两个档案呢？这会大大拉长"爆炸"所需的时间啊！

当我们以系统设计者的角度来看一些在制零件时，我们有必要给每个在制零件一个编码。有两个选择，根据零件刚完成的最后一道工序的代号编码，或者根据零件即将进行的下一道工序的代号编码，两者似乎差别不大。难怪20世纪60年代的系统设计师决定根据车间的实践来选择，在制零件到底在哪里？就在下一台机器前面排队。换言之，根据下一道工序来定在制品库存的编码，这种做法看来很自然。

这个选择对在制零件来说很自然，但对成品零件来说，就完全行不通。在这里，我们无法根据下一道工序来定成品库存的编码，因为下一道工序就是装配！根据装配的代号来定编码，就会给人留下一个错误的印象，以为装配所需的所有零件都已到齐了。

对成品零件来说，唯一的可行选择是根据零件经历的最后一道工序来定编码。由于这些不同的选择，库存档案就不得不一分为二，早期的设计师不觉得这有什么不妥，反正BOM和工艺路线也早已被分割开来。今天，我们已把产品的两个结构档案合二为一，就不能乱来，要保持一致性。我们将永远以最后一道工序来定库存的编码。这不仅有利于我们把两个库存档案合二为一，也方便把库存数据归纳为产品结构档案上的一个字段（field）。

档案数量因而减少，把全部所需数据都存放在电脑记忆体上就变得可能。要实现这点，我们就一定不要让排程所需数据充斥着一些不相关的细节，如供应商地址、切割物料时应采取的角度等。同样，我们一定不要存储太多中间计算结果。如果这样做，电脑记忆体很快就会被"吃光"，我们就不得不转向磁盘了。请记住，使用电脑记忆体重复计算，总比使用磁盘快得多。

能够将所有必需的数据存放在电脑记忆体中，我们就只需在排程开始运行时阅读一下磁盘——把数据复制到电脑记忆体中，然后在运行结束时，把所得排程写回磁盘中。现今，电脑记忆体不难获得，连个人电脑的内存也达到兆字节，这使我们能够以这种理想的模式运作，毫不奇怪，这大大缩短了电脑运行的时间。在当今功能强大的个人电脑上，为一家大型工厂编制涵盖多个月甚至多年的详细排程，不到一小时就可以完成了。

当然，转换问题开始引起人们的关注。我们如何从现有的多档案结构转换至建议的统一的"任务—结构网"？当我们提醒自己，当前的档案中涉及的数据元素很多，远比模拟公司的未来行动所需的数据元素多时，这个问题就显得更加复杂了。这些额外的数据元素会不会将建议的计划变成一场不同的但更复杂的噩梦呢？

也许会，也许不会。然而，我们必须问自己的真正问题是，我们是否必须转换所有数据库。我们真的需要去理此事吗？我们在这里所做的事是构建信息系统，而不是尝试改善我们现有的数据系统。无论如何，我们的结论是，信息系统并没有取代数据系统，相反，我们的信息系统应该从数据系统中获取所需数据。

此外，我们已认同，信息系统的主要目的是处理假设性问题，即"要是……会怎样"式的问题。同时，我们也很清楚，不同阶层和职能的管理者都会受到不同类型的"要是……会怎样"问题困扰。因此，每位经理都必须调整所需基础数据，以创建他们想检视的独特的"假设性"场景。结论几乎是肯定的：信息系统及其特定所需数据，必须以分散、发放的方式提供。

我们应该以相同的方式对待数据系统吗？在我看来，这一定会导致一场灾难。将我们的数据系统放置在一个分散式的电脑网络中，我可以保证，随着时间的流逝，数据间的差异定会迅速增大。试想一下，不同的经理假设他们用的是同一数据库，并开始用它来做出决策，而数据实际上是有差异的。这种情况有多混乱及恶劣？当前，集中处理的支持者和分散处理的支持者之间的激烈争论，其实源于当前数据系统和信息系统之间的混乱。数据系统必须是集中的，而信息系统（所需数据由单一数据库提供）必须是分散的。这还不够明显吗？

对所需数据的格式转换，这个结论也是很好的指引。无须重组现有数据库，我们必须专注于提供给信息系统的那部分数据的结构。由于几乎每家公司都以不同的档案格式和布局来存储自己的数据，因此尝试设计完全通用的转换包是毫无意义的。相反，我们应该尽量减少根据现有数据系统的现有格式进行的电脑编算工作量，以确保该工作量低至对于任何程序员来说都是微不足道的。然后，较复杂的部分（将零星档案合成统一网络的那部分）就通过标准化的软件包来处理。

虽然以上划分看似是个大难题，但实际上不费吹灰之力。我们只需要暂时放弃把事物复杂化并变得更"精致"的念头，解决方案就变得显而易见了。每个程序员都知道如何从数据库提取一小部分既定资料，放进一个顺序档案中，其实，大多数数据系统都有现成的标准程序可办到这个。我们对每个档案都分别这样做，如BOM档案、工艺路线档案、库存档案、在制品档案、（可用的）资源档案、客户档案、市场消费预估档案。现在，我们有了一个标准的数据结构——一个跟现有数据库特定结构完全无关的结构，因此我们就有了一个标准接口来进行转换任务中那些较复杂的部分。

我们还需要什么？组织的日历，或者不同部门用的不同日历，比如，一个事业部在多国的分部各自的日历。还有什么？一些参数，如各时间缓冲的长度、所需保护性产能等。

可是，我们不能拖下去了。很明显，我们起码已经在概念上把电脑运行时间和数据转换问题解决了。现在是时候将我们的注意力转向真正的问题了——如何根据对有效产出世界的理解进行排程？

28

建立可接受的排程的标准

为企业应执行的任务排程！说起来容易，但我们从哪里动手呢？我们是否应该从客户订单开始，然后逐步扩展到任务层面？如果是这样，我们应该首先选择哪张订单？销售价格最高的吗？工作量最大的吗？我们担心可能会延误的吗？或者，也许我们应该尝试一种完全不同的角度，如由目前已在管道中被卡住的任务开始。清理一下整个系统，似乎不算是一个坏主意。然而，一个微弱的声音在你的耳边响起——由于产能不足的问题我们已讨论了那么久，最好还是先把负荷最重的资源的任务理顺，然后从那里开始。那么多的可能性，似乎没有一个能寄予厚望，尤其当我们发觉它们中的每个都已被尝试了不止一次时，所出排程乏善可陈。

我们必须从某处开始，可是，在讨论"从哪里开始"这个问题之前，我们最好先弄清楚我们实际要达到的目的是什么。一个排程！清楚了吗？不一定。我们正在尝试构建的是哪种类型的排程？怎么样的排程才能令我们满意？

我们开始意识到，构建排程的第一步是，定义"好的"排程必须满足的标准。第一个标准非常明显：排程必须切合实际。然而，且慢，"切合实际"是什么意思？我们不屑用那些空泛的、无助于我们弄清应干什么和不应干什么的形容词。到底是什么导致一个排程被认为是不切实际的？

只需考虑以上最后一个问题，你就会发现，有两种情况可导致我们认为某个排程不切实际。第一种是，我们构建了一个系统无法执行的排程。如果该排程忽略了我们系统的固有局限性，这种情况就可能发生。我们怎样称呼那些限制系统表现的东西呢？制约因素。因此，任何切合实际的排程，必须从找出系统的制约因素开始。这并非一个骇人听闻的结论；我们已不止一次指出过，一旦目标和衡量已被定义了，第一步永远是找出系统的制约因素。

可是，为了确保构建一个切合实际的排程，找出制约因素就足够了吗？不一定，我们可能遇到制约因素之间存在冲突的情况。例如，一家公司提出的承诺交付期远超其资源的产能的应付能力，何时才来处理这类冲突呢？我们要让现实来处理这类冲突吗？毫无疑问，这类冲突会导致一些令人很不快的惊愕。我们最好仔细查看这些未来的冲突，并主动解决它们，而不是无奈地让现实来收拾残局。很明显，切合实际的排程不应包含制约因素之间的任何冲突。

最后一句话揭示了构建排程的应有程序。我们已认识到，找出制约因素（从而构建排程），必须通过一个反复的程序来进行，要一次又一次地找出、挖尽、迁就，每次都找出一个新的制约因素。我们已说过，必须继续进行该程序，直到迁就步骤完成时没有发现制约因素之间的任何冲突为止。现在我们意识到，每当找到新的制约因素时，我们就必须彻底检查有没有这类冲突。

此外，由于这些冲突以前并没有被人们认识到（否则它们早已被清除了），因此解决冲突所需数据很可能还没有被清晰地界定，这些数据很可能只存在于更直观的知识中。例如，如果解决冲突的唯一方法是推迟执行客户订单，那么到底哪张订单可以被推迟执行而不会引发与客户太大的冲突呢？
这类知识通常并没有被记录下来。作为系统设计者，我们是否应该要求这类
所需数据必须被完整、明确地记录下来？在我眼中，这是一个完全不切实际
的要求。如果事实证明这是必须满足的要求，那么我们还是收拾行囊回家，
并将这个主题弃掉好了。

那么，当发现制约因素之间的冲突时，我们还可以做点什么呢？答案必
然是，信息系统必须专注于揭示冲突，并每次都显示为消除冲突可以采取的
最基本的措施；然而，除非建立了非常明确的指引，否则信息系统必须在此
时停下来，并要求使用者做出决定。

这是一个意义深远的结论。将之与最近几十年来在使用的其他排程方法
比较一下。比如，线性规划（linear programming）大胆地向使用者提供冲突
已"解决"的最终结果，而忽略了没有提供正确地解决冲突所需的大量数据
这一事实。线性规划甚至懒得指出冲突已在哪里冒出头来，更不要说解决冲
突时要面对的假设了。对于使用者来说，它基本上就是一个黑盒子，每当
"无路可走"的情况出现时，线性规划就干脆改变问题背后的假设，傲慢
地将一套数学公式置于具有卓越能力寻找可接受的解决方案的人脑之上。
难怪线性规划[或它的更大的、更"精致"的姐妹——动态规划（dynamic
programming）]没有被广泛采用，尽管过去20年线性规划（在缺乏充分理由
的情况下）是运筹学的基石。

将我们的结论与JIT——看板（Kanban）系统——的排程方法相比，该
方法将关于冲突的整个课题由排程阶段搬至执行阶段才处理。这跟线性规划
是对立的，也没有完整的指引来指导我们如何选择放置在各工作中心之间的
"卡片"的数量及内容，那么如何令排程仍能运行呢？这个重担全部由车间
人员来负责。

看看MRP的方法，它似乎早已放弃了"切合实际"这个要求，这可以

通过它的座右铭"无限产能"证明。是的，MRP尝试通过引入"闭环"（closed loop）概念来纠正这种情况，该概念将公司资源的有限产能考虑在内，但即使只是随便查看一下，你也可以发现，闭环是一个周而复始的迭代过程。名义上说是切合实际的程序，MRP提供的却是不切实际的程序。

很明显，排程必须切合实际，这个要求并非小事一桩。如果要我们的信息系统有效地回答"要是……会怎样"的管理问题，我们就必须更认真地对待切合实际的排程的要求，远比我们曾尝试过的认真。

在深吸一口气并迈出脚步之前，我们必须提醒自己，当宣称某排程切合实际时，我们要顾及两个要求。其一是解决制约因素之间的冲突，其二是什么？对了，第二个必须满足的要求是，排程必须免受干扰（"免疫力"）。这对我们来说并不是一项新要求，在前面的章节中，我们已对此进行了长时间的讨论，但不是作为排程本身的一部分来讨论，而是作为控制的一部分来讨论。"免疫力"属于排程的范围吗？我们不得不说它肯定是。

顾名思义，排程与时段有关，如果排程的目的是找出将来的制约因素，那么排程就必须在该未来时段内切合实际。如果有任何麻烦，如果墨菲有任何行动，都需要重新排程，这就是最明显的信号，即当前的排程在未来时段是完全不切实际的，"免疫力"似乎是排程的必然要求。

过去的方法有顾及"免疫力"吗？没有，线性规划毫不犹豫地提出基于互动制约因素的解决方案。尽管每份敏感度分析（这是线性规划的一个组成部分）都清楚地表明，在无数互动制约因素的解决方案中，所产生的排程都是不稳定的，任何干扰都会令相关排程变得无效。虽然所有迹象都已存在，但我们还是不视"免疫力"为一项必然要求。

JIT和MRP又如何？这些方法比较实用，但遗憾的是，还不够实用。两种方法都意识到，"免疫力"对排程来说是必需的，它们知道预留一点儿时间考虑"免疫力"事宜，但切实执行相关任务的时间少得多！可是，两种方法所产生的排程都远没有"免疫力"，这很容易从它们要车间员工解决"突发性麻烦"的指令中看出。主要问题在于，这两种方法都试图令排程本身免疫，而不是令排程的结果免疫。这种做法迫使它们尝试保护每一条指令，这注定是失败的。你看，尝试保护每一项生产活动，不可避免的结果是，订单所需时间大大加长了。为了解决这个问题，必须将个别的"空闲时间"（这个由看板卡片的数量或排队和等待时间来代表）缩减至一定程度——我们不得不一再面对不稳定的排程了。

现在需要的是，排程的免疫力要达到一定程度，排程的预测是切合实际的。比如，有关公司表现的预测，以及有关公司制约因素的预测。

还有别的吗？我们已说清楚了评价排程的标准吗？还没有，我们仍然没有提及最重要的一件事。首先，为什么我们需要排程？不要忘记，我们构建排程的目的永远是努力实现目标。因此，一旦排程切合实际了，我们就必须以通常用来评价有效产出、库存和运营费用的衡量来评价排程。

我们必须牢记衡量的重要性排名，因此，每当面临有效产出受到威胁的情况时，我们可以通过增加库存或运营费用来纠正情况，我们应该毫不犹豫地采取适当的纠正措施。但这里有一个警告，每当增加库存或运营费用时，我们都必须非常小心，不要与必要条件发生冲突。

例如，如果为了保护有效产出，我们要增加物料库存（比预定时间更早发料），信息系统应能做到。然而，如果为了保护有效产出而需要购买新机器或加班来增加产能，则信息系统应更谨慎一点——购买新机器可能有违关于现金的必要条件，而且缺少做出这类决策所需的大量数据，如新机器的交付日期或这类技术所提供的新功能等。

同样，当加班时间超过已允许的水平时，信息系统不可能自行批准所需的额外加班时间。我们不应忽略的是，做出这类决策所涉的许多必需数据（如相关人员的加班意愿，或加班在滥用之下的有效性）对系统根本无用。我们甚至不应要求提供这类数据给信息系统。在大多数情况下，数据太多了，而且数据通常仅在直观层面。不，在这种情况下，我们的信息系统必须仅突出地显示情况，并将特定的决策留给使用者自己做出。

　　总而言之，信息系统必须提供切合实际的排程，排程必须不包含组织制约因素之间的任何冲突，并对合理程度的干扰有免疫力。所构建的切合实际的排程由通常的衡量来评价。换句话说，排程的表现是以有效产出有否最大化（相对于公司制约因素的挖尽）来评价的；重要性排第二的库存，是指特定时段所需的库存，任何原料库存，都只是为了保证有效产出，否则，应被归类为剩余库存，而所涉排程就应被相应地评价。

　　关于运营费用，信息系统只能在既定的范围内使用加班，而在这些情况下，使用加班的唯一恰当理由是保护公司的有效产出。库存的任何其他增加（如机器或夹具）或运营费用的任何其他增加（如额外人手或特殊加班费）必须由使用者来决定。因此，虽然运营费用必须是评价最终排程的衡量的一部分，但不应在信息系统本身被评价的过程中扮演任何角色。

29 找出制约因素

制定一个排程，应从哪里开始？现在已经很明显了，由找出公司的制约因素开始。什么可能是制约因素？请记住，我们已同意，我们的信息系统不考虑任何政策制约因素；政策制约因素应该松绑，而不是挖尽。剩下的是实体性制约因素：市场制约因素、资源制约因素和供应商制约因素。这对于一个好的起点来说，范围仍然太宽泛了，所以让我们尝试将范围收窄。如何进行呢？

我们是否应只称某些东西为制约因素，以便我们有一个明确的起点？这可能在两个条件下起作用。第一个条件是，最终我们能清楚地知道最初的选择是对的还是错的。请记住，我们制定排程，主要是想找出所有制约因素。第二个（同样重要的）条件是，我们能够保证，即使我们发现原来的选择是错的（我们以一个非制约因素作为起点），最终的排程仍可以被接受。

遗憾的是，考虑到目前为止我们已讨论过的所有内容，很明显，上述条件没有得到满足。似乎唯一能指出我们错认了制约因素，并明确地声称它其实是非制约因素的机制，是"缓冲管理"。但依靠该技术就意味着我们只有通过观察正在执行中的可疑排程很长一段时间才能发现错的假设，这实在太迟了。不，我们必须首先找出绝对是制约因素的东西。

我们是否必须先找出所有制约因素，然后才能进行下一步并尝试挖尽制约因素的潜能？没有必要这样做。如前所述，找出制约因素是一个反复的过程，我们必须一遍又一遍地进行找出、挖尽、迁就步骤，每次将又一个制约因素添加到清单中，直至我们完成迁就步骤，都没有出现制约因素之间的冲突，才算完事。

这意味着每当我们对某事是不是制约因素有疑问时，就假定它不是制约因素吧，这更安全。看，如果它其实并不是制约因素，而我们却以为它是制约因素，那么我们一定不会不理它；可是，如果它真的是制约因素，在这个阶段我们却以为它不是制约因素而忽略了它，也不会构成什么危害，因为我们最终一定会在其后几轮中"逮住"它。当然，一开始就找对了是最好的，怎样才能办到呢？

一开始选择供应商或特定物料作为制约因素显然太冒险了。只有当把物料现在和将来的可得性与物料的预期消费量及时间做比较时，我们才能比较清楚地判定该物料是不是制约因素。这就意味着一开始我们就已知道这个过程所出的排程的内容。不，一开始就以供应商作为制约因素，也是一个非常糟糕的选择，尤其是当我们回想起在很多公司中都没有供应商制约因素时。

我们可以以资源制约因素作为开始吗？也许吧，但请记住，在现实中我们面对的大多数资源制约因素都不是瓶颈，只是没有足够保护性产能的资源而已。没有足够保护性产能的资源制约因素的"商标"是，即使资源的产能平均来说是够的，但它无法支撑高峰期的工作量。因此，我们只能通过查看某个时段的需求才能"逮住"它。再次面临这样的情况，为了找出这样的制约因素，我们首先需要拿到排程本身。不，我们不宜做这样一个不切实际的假设，即在任何情况下都至少有一项资源没有足够产能来满足市场的需求。

好了，经过一轮跌跌撞撞，我们终于看到苗头了，现在，剩下的唯一选择是市场制约因素——客户订单。然而，在一头扎进这个话题之前，我们最好检查一下是否可以很肯定地假设客户订单永远是我们的制约因素。只简单地说我们别无选择，就是假设在分析中我们没有漏看任何其他可能选择。这肯定不仅是一个自大的假设，也非常危险。

那么，不要理所有已被我们否决的已知选择了，让我们聚焦于我们是否可以安心地假设客户订单永远是公司的制约因素。（顺带一提，这提醒我们必须改变对制约因素的一贯态度——如果客户订单是制约因素，那么制约因素就不一定是坏的。）

如果公司中并没有内部制约因素，那么市场需求就是制约因素了（暂时忽略供应商制约因素的可能性）。如果公司内部什么都过剩，那么唯一限制我们赚钱的因素就是市场需求。如果我们真的有内部的产能制约因素，那又如何呢？我们还可以安心地假设市场仍然是制约因素吗？（请记住，就信息系统而言，我们假设政策制约因素并不存在。）让我们区分一下这两种情况：一种是我们确实有瓶颈；另一种是由于缺乏足够的保护性产能，我们就只有产能制约因素。后者比较好应对，所以，让我们从那里开始吧。

资源需要有多少保护性产能，要看时间缓冲有多长。如果没有指定的交货日期，则时间缓冲的长度就没有限制，因此不需要任何保护性产能。每当我们遇到由于缺乏足够的保护性产能而出现资源制约因素的情况时，根据定义，我们就会视市场需求为主要制约因素。

接下来我们要查看的是瓶颈，这是一项没有足够产能来满足需求的资源（以下针对瓶颈的分析，跟针对供应商或特定物料制约因素的分析完全相同，因此将不再分别详细说明了）。我们的"P&Q"小测验告诉我们，当瓶颈参与一个以上产品的生产时，所有这些产品的市场需求就是系统的制约因素。此外，与小测验不同，我们的订单通常有承诺交货期，我们必须不迟于该日期交货给客户。在这种情况下，特定订单就是制约因素。

事实证明，唯一不能将市场视为制约因素的情况，就是当我们不用向客户提出承诺交货期时。在这里，我们的资源制约因素只生产一种产品，所生产的每件产品都立即被市场抢走。让我们面对现实吧，这种情况非常少见。因此，如果我们的订单的确写明了承诺交货期，那么我们可以放心地假设，客户订单就是制约因素。

最终，我们明确知道排程工作必须从哪里开始了，不用说"如果""还有""但是"。好，那么，下一步怎样走？我们应该看看如何挖尽制约因素。如果客户订单是制约因素，挖尽制约因素就是服从承诺交货期，挖尽步骤当然要办到这个。现在，我们可以转至下一步——一切都迁就客户订单，这一步不那么容易，我们将不得不花费大量时间和精力来精确定出该怎样干。

在这里，我面对的麻烦是，当"迁就"步骤完成时，数据的任何冲突都意味着新的制约因素上场了。我们将不得不"找出"它，但随后的"挖尽"肯定不轻松，所费功夫肯定不是微不足道的。按这个次序，会有"教学"上的风险，看，先在"迁就"上花很多时间，然后才到"挖尽"，次序上的扭曲可能令人晕头转向，因此，拜托，何不先"找出"确切的制约因素，然后去"挖尽"它？这就会令我们的精力先投放在"挖尽"，然后才轮到"迁就"。

我们甚至可以从理论上在早期阶段就找到任何其他制约因素吗？可以，有时候，我们可能发现确实存在瓶颈。记住，只要我们继续往前走，在第一轮完结时，我们通过"迁就"步骤就一定能从数据中发觉情况有点儿不对头（制约因素之间有冲突）。让我们现在就看看这个吧。这不影响最终结果，但有助于厘清过程。

在这个早期阶段，我们如何才能找出瓶颈？为此，我们不得不为系统提供另一个参数。瓶颈是产能不足的资源。在什么"时间范围"内？如果没有明确的时间范围（市场需求有限而时间范围无限），这就意味着每项资源的产能都是足够的。因此，当市场需求是由一批既定订单来定义的时，那么时间范围也要定出，否则，讲瓶颈是毫无意义的。

我们是否应该这样定时间范围——从现在开始到特定订单中最遥远的承诺交货期的这个时段？这几乎可以注定，在现实中我们的找瓶颈之举将徒劳无功。我们不要忘记，时间隔得越远，我们对未来的了解就越少，我们手中的订单不能代表我们将来所接的订单。通常，当查看手中的订单时，我们感觉订单似乎集中在不久的将来，随着我们将注意力投放到较遥远的时间范围内，这种注意力变得越来越分散。当然，所谓不久的将来和更遥远的时间范围，在很大程度上取决于我们所在的行业类型：在国防业，一年被认为是非常接近的未来，而在小型工厂中，甚至一个月都可能被认为太遥远了。因此，如果硬要在尝试挖尽及迁就市场制约因素之前就找出资源制约因素，唯一实际的方法是定出一个截止日期，我们将之称为"排程时限"（schedule horizon）。

要查看到底有没有瓶颈，我们应首先计算每种资源的工作量负荷，即"排程时限"内的订单所产生的工作量负荷。这些是什么订单？肯定是那些交货期在排程时限之前的订单，但这还不够。试看看一张必须在排程时限之后一天交货的订单，我们真的认为订单所涉的所有工作都只能在该天完成吗？你看，即使一张在排程时限之后才需要交货的订单都会在排程时限之内造成工作量负荷。我们应展望多远的未来？怎样决定？遗憾的是，看来新参数——"排程时限"，对我们没有帮助。

为什么我们需要理会这些令人头疼的事？最终，我们知道，如果确实有资源制约因素，那么我们迟早会通过迭代过程找到它们。何不继续"咬住"我们已确定的市场制约因素，并从那里继续往前走？而且，我们已开始产生非常错误的印象，以为只需考虑已到手的订单。我们不要忘记，大多数管理上的"要是……会怎样"问题都必定有更长远的视野，因此我们的分析也应包括"销售预测"。所以，每当谈到订单时，我们总是指手中的订单加上销售预测。

回顾刚才所说的，放弃徒劳无益的整个"教学"方式，会不会更好？它似乎把我们带进了"死胡同"。且慢，不要那么快就下结论！一块小绊脚石不应引起这种波澜，也许再花一分钟时间思考，就足以让我们看清楚前路。

那么，在计算工作量负荷时，应包括交货期在排程时限之后的哪些订单呢？答案是当中那些我们必须在排程时限之内完成的订单。很好，但我们如何识别它们呢？其实这并不太难，我们只需回顾在前几章所讲过的。我们为任何制约因素建立时间缓冲，针对市场制约因素应该建立"付货缓冲"。你还记得这些细节吗？我们说，"物料"应该在订单的承诺交货期之前的一个时段（称为付货缓冲）被发放至生产线；我们还说，相对于整段时间，真正花在物料加工上的时间是微不足道的，整段时间的绝大部分其实是被墨菲所占用。因此，承诺交货期比"排程时限 + 付货缓冲"更早的任何订单，都会在排程时限内构成公司的资源的工作量负荷。

现在情况很明显，我们应考虑承诺交货期比"排程时限 + 付货缓冲"更早的所有订单。同样很明显的是，我们不应考虑订单上已完成的那些部分工作。这就意味着计算相关负荷的机制必须"炸开"订单，直至产品结构的层面，把现存物料、成品及在制品库存也考虑在内。

转换时间又如何处理呢？应该考虑这个吗？是的，但我们必须很小心，在这个起始阶段每个转换只考虑一次。让我们更详细地说明一下。由于是从每张订单"炸开"的，因此我们可能遇上同一零件、同一工序不止一次，而不同的订单可能有不同的日期,但这并不意味着我们将为每张订单分开地生产产品。为了节省转换时间,我们可选择将多个批次合并为一个批次;订单有不同的承诺交货期,我们启动在相关"零件编码 / 工序编码"上的资源只一次,就能搞定多张订单。转换的次数(以及批量的大小)关乎排程本身的编制,因此不能预先确定。

在早期阶段,我们能够做的是只容许每个"零件编码 / 工序编码"有一次转换。这跟有多少张订单需要特定任务无关(假设至少一张订单需要特定任务)。事实上,即使有这种预防性措施,也不能令我满意。我们都知道,工序所需时间是难以准确计算的,但转换时间的估计更像胡乱猜测,我们可以做点什么呢? 正如我们即将看到的那样,我们将不得不在这个阶段选择一个瓶颈,只一个。如果我们能够在不依赖任何转换数据的情况下找到瓶颈,那就更好了。这意味着我们将转换也视作寻找制约因素的过程中的一个考虑点,是万不得已的最后手段。

一旦计算出每项资源的工作量负荷,我们必须根据既定的日历计算它们在同一未来时段(由现在至排程时限,但不含付货缓冲)的可得性。当然,在计算可得性时,必须考虑公司拥有的每项资源的数量,如果任何资源上的负荷大于其可得性,那么我们确实有了至少一个瓶颈。

30

如何处理非常不准确的数据

假设我们在对比两张清单，一张显示每项资源的负荷，另一张显示每项资源的可得性，我们发现，每项资源都有足够的产能。那又怎样？关于有没有资源制约因素，我们无法得出任何结论，但这也没有造成任何损害。请记住，由于所有必需数据都在电脑记忆体中，因此所有"爆炸"工作（基本上等同于执行全部所需工序）都不用花大量时间。可是，如果发现多项资源（而不是一项）的可用时间少于完成订单所需的时间，我们该怎么办？

在这种情况下，我们当然有资源制约因素，但有多少个？我们可否视每个有问题的资源为制约因素？当然不可以！在这张红色清单上，我们可能只有一个真正的资源制约因素。请记住，宣称一项资源是制约因素，而其实它不是，是多么的危险！所以我们要非常小心。首先，让我们澄清一下，计算已清楚证明某项资源没有足够产能来满足所有市场需求，为什么它仍然有可能是非制约因素？这是怎么一回事？

假设我们正在处理一个琐碎的案例，我们只需要交付一种产品，订单要求未来10天每天交付100件。该产品的生产程序非常简单：10道不同工序依次进行，每道工序需要一项不同的资源。在我们的公司中，每项资源只有一个单位，每天24小时可用，假设每道工序至少需要一小时才能完成，最长的工序需要两小时。现在，让我们计算订单导致的每项资源的负荷，并将其与资源的可得性进行比较。我们的案例比较清楚地表明，每项资源都没有足够的产能。

这是否意味着它们全部都是制约因素？所有资源都限制了我们公司的赚钱能力？一点也不。如果我们无法获得额外的产能，那么决定最终结果的资源将是每个单位需要两小时的资源，所有其他资源都不会对最终结果产生任何影响。如果我们无法为该特定资源获得更多的产能，我们甚至可以将所有其他资源的产能增加一倍而丝毫不影响最终结果。因此，我们可以看到，如果我们拥有一项以上产能不足以满足所有市场需求的资源，那么可能仍然只有一个资源制约因素。

因此，在这个阶段，所有没有足够产能的资源之中，只有最缺乏产能的资源才能被称为可疑资源制约因素。我们说可疑，为什么我们不干脆说它是制约因素？因为该分析基于已在手的数据，而且我们知道这类数据可能非常不准确。

我们现在正面对的情况是怎样的？我们找出了订单就是制约因素，我们有理由相信，在此之上，我们还有一个资源制约因素。如果事实证明我们的这个说法是对的，我们确实有一个资源制约因素，由于产能不足，我们不能满足市场制约因素的要求，那么，这就意味着我们必须面对公司各制约因素之间的冲突所造成的麻烦。处理这类麻烦的过程总会影响公司的表现，在公司表现受到影响之前，我们是否应该至少检查一下这种情况是否因为错误的数据？

然而，让我们面对现实吧，经过20多年的努力试图令工序时间精准一点，我们现在才明白，要保证所有工序时间数据精准，实际上是不可能的，那么，我们该怎么做？

让我们提醒自己，尽管保证所有工序时间数据精准是不可能的，但仅验证少量数据还是不难办到的。

哪些数据引发我们怀疑特定资源制约因素的存在？让我们查看一下，并记住，不同种类的数据，不准确的程度会不同。我们计算的是资源的可得性及负荷。可得性计算基于日历及这项资源有多少单位可用。日历通常对整家公司（或公司的一大部分）都是统一的，因此通常都已彻底检查过，我们在这里发现错误的机会非常小。

可是，关于资源有多少单位，情况就大不一样了。这听起来可能有点奇怪，但这个数据往往错得离谱。当回想起资源有多少单位这个数据在计算净需求或成本时都不会用上时，我们就不会感到奇怪了。因此，今天，人们都懒得去更新这个数据。再者，我们往往发现，清单顶部列出的资源，根本是不存在的，它们只是"幽灵"而已，系统人员故意把它们插进来，以规避／耍弄自己死板的系统。

当然，一旦发现如此严重的错误，我们都会予以纠正并重新检查清单。假设某可疑资源制约因素的可得性数据已被查核，并被确认是正确的，那么我们还要查看什么呢？要查看我们用来计算负荷的数据。我们对哪些数据最不放心？当然是工序时间。全部工序时间都不放心吗？当然不是，只有特定资源上的相关工序时间我们才需要特别留意。可以进一步缩小范围吗？可以，该特定资源所执行的任务的工序时间，而在使用者所选择的时间范围内，该资源面对起码一项需求。这些任务都同等重要吗？不，有些任务需要大量时间，而另一些任务只需要几小时。时间长短取决于什么？取决于处理一件产品的时间和订单所要求的件数。

这种推理方式看起来非常简单，几乎是小学生水平。我们为什么要花这么长的时间来详细说明呢？因为当前的情况是，每当我们怀疑数据不准确并导致我们得出错误的结论时，常见的做法只是叫嚷"必须清理数据"，通常还加上一句警告："要起码95%准确率"，然后就让使用者在乱局中自生自灭。以这种态度对待数据准确性问题的任何系统，都忽视了系统必须提供的一个最重要的功能——非常清晰、精准地显示，在整个迷宫中有哪些数据需要验证，范围要缩小至令验证数据准确性的工作变得可行的程度。我们正在做的事表明系统是有办法做到这一点的，前提是系统的设计者对这个问题要足够重视。

那么，现在的形势怎样了？很明显，系统应该向使用者展示一个图表，详细说明哪些任务正在占用可疑制约因素百分之多少的可得性。我们在这里面对的是一些松散联结的变量，因此我们可以合理地预期，少数任务产生大部分负荷。只有这些任务的工序时间，才应由使用者验证，通常，我们需要验证大约5个工序时间。

请记住，最好是问执行任务的人员，而不是设计任务的人员。经验丰富的MRP顾问的原则是："问工头而不是工程师，工头有可能欺骗你，幅度大约30%吧，但你确切地知道他在哪个方向捣乱，工程师可能误导你，幅度甚至高达200%，而他在哪个方向捣乱，你一点儿头绪都没有。"

一旦相关的工序时间完成了验证（假设没有严重的错误被发现），现在就去验证那些涉及"负荷特重的任务"的客户订单吧。我们经常发现，订单上的数量因为数据输入员在末尾多输入一个"0"而扩大到原来的10倍。

信息系统怎样提炼这些数据呢？有好方法可以推荐吗？第一个倾向是，当系统为计算负荷而进行"爆炸"时，将所有这些数据写入磁盘。在这个阶段，所有数据肯定都被访问过，并且可以轻松地写入磁盘。然而，此举是错的。问问自己："如果我们真的在'爆炸'阶段记录数据，那么有多少数据需要写入磁盘？最终需要显示的少量数据又是哪部分？"

以下是一个很好的示例，告诉你如何使整个系统以蜗牛的速度来回应你的诉求。别忘记电脑在存储／读取速度与计算速度之间的巨大差异。如果每项资源都存储所有相关任务及它们的工序时间，并且每个任务都存储相关客户订单编号，那么，毫无疑问，即使小公司，也将没有足够的内存来进行存储。16兆字节的电脑记忆体将远远不够，如果我们尝试将所有这些数据都存储在磁盘上，那么电脑运行的时间会特别长。

答案就在我们已指出的方向中。由于所有相关基本数据已在电脑记忆体中，因此没有必要存储中间计算的结果，只需重新计算它们便行。对于可疑资源制约因素，让我们"内爆"它所有的任务（需要特定资源的零件编码／工序编码）至订单层面，这个步骤将在我们的资源制约因素和相应的市场制约因素之间建立产品连接。为了精简起见，让我们称这些产品连接为"红色地带"，仿佛我们用假想的红漆把产品结构的这些部分漆上了。

现在，我们可以沿着"红色地带"由相关订单向下"爆炸"，并存储上述负荷图表所需的负荷数据（而不是订单数据），此时涉及的数据不多，不会占用太多可用的内存。只有当使用者想看看相关订单或任务的最详细资料时，才需要"爆炸"；只有当使用者想找出并显示订单的较高层面的内容时，才需要"内爆"。看起来，"爆炸"和"内爆"似乎太多了。但请记住，这样的动作每次只需几秒，甚至更少。这肯定需要花较多功夫进行。可是，程序员的一次性努力与使用者的时间和耐性不断的消磨相比，我们更应关注哪个？

那么，验证完那些导致我们怀疑公司有资源制约因素的少量数据后，我们就得面对各制约因素之间的冲突难题了，信息系统怎样处理这个问题呢？把问题扔回使用者？使用者又怎么办呢？不，这是对我们的信息系统的真正考验，冲突范围已缩窄至它的根部，从而令我们（使用者）面对非常明确的不同选择。选择是那么明确，以致我们在它们之间进行挑选一点难度都没有，仅用我们的直觉便行。

31 锁定制约因素之间的冲突

找出瓶颈意味着我们无法在交货期交货，我们根本没有足够的产能可用，至少在一个资源上是这样的。很明显，信息系统缺乏一些所需数据来做决定，即使我们已奇迹般地在信息系统中引入所需智慧。

如果我们不准时交货，哪个客户的怒气会比较少？我们可以通过分批付运来缓解客户给我们的压力吗？如果可以，那么先付运给谁？运多少？另外，其他一些运作招数又如何呢？这些招数通常不尽如人意，但总比我们失去客户好。是的，我们不可能要求人们在周末再来加班，我们甚至不打算考虑这样做，除非……不，期望把所有这些庞杂而模糊的数据输入电脑中，是完全不切实际的。

我们希望信息系统能特别关注这类冲突，以便可以轻松地做出相关决策，但不是由系统本身来做出决策，而是由负责的管理人员。

怎样进行呢？何不回到我们熟悉的确切路径——聚焦五步骤？

但我们确实已找出制约因素了吗？我们是不是已确定了制约因素之间的冲突？没关系，事实是，我们的思绪还是有点儿凌乱，这恰恰是让聚焦五步

骤登场的最恰当时机。

让我们从已找出的第一个制约因素开始，即市场制约因素；现在转到第二步——"挖尽"。这意味着我们希望准时完成所有订单。好，现在，让我们转到第三步"迁就"。我们应该检查一下，在"迁就"完结时，我们有没有制造一个冲突。我们已意识到这样一个冲突——某项特定资源的可得性不足而带来的冲突。那么，与其尝试令整家公司迁就挖尽决定，倒不如让我们只专注于如何令特定资源的行动迁就。让我们先弄清楚该冲突的细节。

要一项资源迁就，这句话是什么意思？这意味着不要理资源本身的任何限制，而专注于准确地定出我们希望该资源做些什么来满足制约因素的要求。好，那么试看一张特定的订单吧，我们希望资源做些什么来满足它呢？做它需要做的事，生产恰当的件数来满足订单。很好，生产多少呢？嗯，这得看情况。

拜托，我是你的一项很听话的资源，我愿意做你吩咐的一切。请告诉我，不要让我自己摸索，直接地告诉我，我要的是具体件数。

好了，我们明白了。我们所面对的，突然间变成了一台电脑——一个服从一切的"笨蛋"，当我们说要设计一个严谨的程序时，我们应假装这样的电脑大概就是我们想要的东西。资源必须生产多少件呢？答案不难找出。从订单上所列的所需数量开始，"炸开"产品结构，将这个数字转化为资源所需数量。我们不要忘记，产品结构上所示的"多少件"有时候不能直接拿来使用。例如，一张订购一批汽车的订单，我们的资源负责生产车轮，订购100辆汽车就转化为生产400个车轮的要求。或者，如果订单只是20个螺栓，那么"20"这个数字就直接可用，不用那么麻烦。

仅仅有这些还不够。在产品结构上，我们可能还需要一些关于预期损耗的数据。因此，我们可能发现，为了生产100件给客户，我们必须指示相关资源生产110件，而不是100件。现在，我们对答案满意了吧？

还不是那么满意。看，我们不应假设我们能够从一片空白开始，以为所有管道都是空荡荡的。在我们编制排程时，那些已卡在我们的资源和订单之间的任务，又怎样处理呢？我们必须把这些库存也弄清楚，这正是我们在计算资源的预期工作量负荷时也要顾及的。

对，但是，我们现在正面对新的问题。我们将如何分配这些库存？当我们考虑总负荷时，这不是一个问题，但现在要确定的事要详细得多，如果马上应付的只是一部分订单，而不是全部，我们应该把一定数量的库存分配给哪张订单呢？

这是一个很好的例子，说明了如何将一只小猫展示为一头凶猛的老虎，利用一些琐碎的、大家已熟悉的技术性程序来要大把戏，我们想干什么？让人们对我们的技术能力留下深刻印象吗？我以为我们已同意讨论旨在揭示如何建立信息系统，我们已忘记这个最初的目的了吗？

以上的例子让你看到，被细节淹没是多么的容易，以致整体图景完全看不见了，而且还向"超级复杂"打开了大门——这种复杂会毁掉软件包的可用性。如何分配库存？根据订单上的承诺交货期，日期较早的订单比日期较晚的优先。用更复杂的规则是没有意义的。不要去推断哪张订单较重要了，你永不可能可靠地提供这类数据给电脑系统。不要过度斟酌订单所需时间了，这些时间其实是饱受我们的"亲爱的老头"墨菲影响的。不要试图变得过分聪明，最终结果将证明你是错的。至少我们应坚持一个基本原则——"先到先得"，这是一个条很好、很简单的原则。

别动气！请你冷静一下。我只是想老老实实地了解一下如何迁就一个资源制约因素，从而挖尽市场制约因素而已。对你来说，也许这只是小事一桩，但请不要忽略一点，我是第一次做此事。要明白什么叫"爆炸"和"内

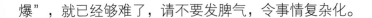

爆"，就已经够难了，请不要发脾气，令事情复杂化。

我们可以继续吗？

好吧，请说得慢一点。

我们已计算清楚，我们的资源到底要生产多少件才能满足特定订单的要求。由此，根据每件所需时间以及转换时间，我们可以轻松地算出资源将经受的负荷。现在，剩下来要做的就是决定在时间轴上的什么位置放置这个负荷——决定在什么时候该资源必须动工，从而令订单能被圆满完成，假设不考虑资源本身的任何限制。

这个问题很容易回答。我们知道订单的承诺交货期，客户也给了我们付货缓冲的长度——任务要安全地抵达目的地，我们必须容许多少时间。因此，我们应该在承诺交货期之前一个付货缓冲时间就"发放"任务，换句话说，在理想情况下，资源制约因素应该在订单的承诺交货期之前的一个付货缓冲时间就已完成自己的工作。

我们现在要做的，就是为所有需要使用这个资源制约因素的订单进行同样的计算，将产生的各工作"方框"放置在资源的时间轴上。我们必须为每张订单的各时段分配所需物料，并生成一个个方框，何不将这两个动作合二为一？由于我们选择了根据订单的承诺交货期来分配，那么最简单的方法就是从最早的订单开始，将所有订单依次向前推，对还没有足够物料的订单，我们就生成一个工作方框，令资源制约因素把所需物料生产出来。

当然，由于我们放置工作方框时没有考虑资源本身的限制，因此这些方框可能会相互叠加，就像图11那样，有点像一个"废墟"。然而，要一项资源同时处理两个或两个以上的方框，是不切实际的，因此，如果我们每项资源只有一个单位，那么叠加一堆工作方框是不行的。

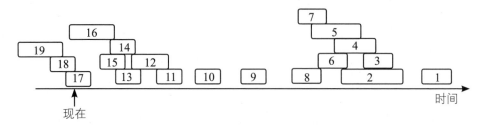

图11 "废墟"

看，冲突来了，但并不奇怪，我们老早就知道会有这个冲突，现在是时候解决它了。我们必须"将废墟夷平"。我们必须确保同时需要完成的方框数目不会超过资源制约因素的单位数。这意味着每当遇到这样一个废墟时，我们必须搬动上层的方框，我们应该将它们搬到废墟的哪一边呢？我们可以推迟执行它们吗？当然不可以，这样搞会危及相关订单的承诺交货期。那么，让我们把较高层的方框向左推，从而将废墟夷平，令它们的生产时间比订单严格要求的时间早。这确实意味着在制品库存有所增加，但总比丢失有效产出好。

那么，让我们想象一辆大推土机就在我们的废墟图的右边，让我们将它的大铲子的高度调整至与资源数量相等的高度。现在，命令推土机向左开动，将这堆方框推平。我们的推土机是一种非常独特的工具，即使在推平之后，它仍能够保持各方框之间的相对顺序。将这些功能转化成电脑程序非常容易，因此，我不必在这里详细说明当中那些非常技术性的细节了，就这样简单说说便已足够。

且慢，我们还没有完事，我们还没有移除冲突，只是将它推到了另一处而已。由于我们的资源产能不足，因此，不可避免地，这辆推土机的表演的最终结果是，我们发觉一些方框被推至时间轴上的错误位置。有些方框将不可避免地被推过去，很明显，我们无法现在下命令要资源在昨天进行某工作。而且我们的推土机会令情况变得更糟，右边可能出现一些空白，而左边则一片凌乱，如图12所示。

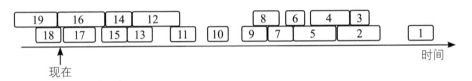

图12　为两个制约因素夷平废墟

情况比之前更差吗？也不至于太离谱，只是更精确地表述冲突而已。在现阶段，我们不可避免地必须向现实低头——我们肯定无法现在下命令要资源在昨天进行某工作，一些方框不得不再被挪动一下，让我们再来麻烦一下推土机吧。它正停靠在我们的图的左边，现在命令它回过头来，将各方框向右推，直至没有任何订单需要在过去启动。此举让我们避免了跟现实的冲突，但订单的承诺交货期又怎样了？

当然，推土机将方框推到过去，又推到未来，方框最后的位置会跟它们的原来位置不同，如图13所示。有些方框会被推至更右（更迟），这就意味着相关订单可能有点麻烦了。如果方框移动的距离比缓冲的一半还要长，那么订单延误的可能性就不低了，墨菲大概会把可能性变为确定性。因此，与其令整个电脑屏幕塞满数据，不如只用红色来标示遇上麻烦的那些方框。执行上述所有操作的系统，为使用者提供了制约因素之间的冲突的一个非常精确且集中的表述。

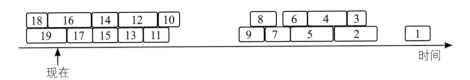

图13　将制约因素资源的工作量负荷夷平，并考虑了我们无法现在下命令
要资源在昨天进行某工作的现实

我们是否应该就这样停下来，留待使用者去接手？不行，我们仍然有事要做，但在继续往前走之前，何不花一些时间消化一下上述有趣的机制？它与我们所见过的任何排程技术都不同，它甚至不能归入先前两大类排程方法（在时间轴上向前看和向后看）。事实上，从以上所述可见，该方法很明显

地甚至没有将时间轴作为排程的主要驱动力，只是直接从聚焦五步骤衍生出来的罢了，而我们不要忘记，这源自我们把有效产出作为头号衡量的决定。

让我们花一些时间查看相关的图：图11显示了原始的"废墟"，图12显示了"推土机"第一次开动的结果，图13显示了最终结果。你能想象一下吗？如果我们面对的资源不是瓶颈，平均来说它有足够的产能，但在某些时段却没有，图会变成什么样子？看来，我们现在似乎有了一个通用的方法来处理任何类型的资源制约因素。当然，我们还需要探索一个总的方法，来迁就不只是制约因素资源，而是所有资源，但我们正往这个方向走。

32 开始移除冲突——
系统和使用者之间
的互动

我们把使用者丢到哪里了？噢，是的，他正盯着屏幕，上面正显示着资源制约因素的各工作方框，其中一些方框用红色标示，显示它们的相关订单很有可能会延误。我们不能置之不理，而所谓最简单的方法（要资源更早为此动工），在这种情况下是行不通的。假设我们没有犯任何逻辑或计算错误，没有任何红色方框可以向左移。我们给任务的排列方式可以确保我们的资源在时间轴上从现在直至任何红色方框都非常繁忙，都在进行其他（甚至更紧急的）方框的工作。看来，要使特定订单准时完成，唯一方法是违反另一规矩：要么提高订单的优先级，比一张更早的订单高（这意味着这个倒霉的订单将延迟了），要么增加资源的产能，或者……

正如我们之前所说的，种种动作都可以，但不是由信息系统来进行的，而是由使用者自己。可是，且慢，在我们将球抛给使用者之前，我们完成所有我们应该做的事了吗？还没有。一方面，我们可能只向使用者呈现了一幅不完整的图（实况可能甚至比你演示的还要糟糕）；另一方面，我们也许仍有空间可帮助解决冲突。

首先，让我们检查一下，我们呈现的图是否真的包含了所有我们已知的。我们感到困扰的是，为了挖尽资源制约因素，我们就得命令它由现在开始动工。我们有否查核过该命令是否可以办得到——任务所需的物料都真的已在那里，一直在等制约因素拿来用？因为如果情况不是这样的，那么物料在最后一分钟突然及时出现的机会到底有多大？我们是否在命令制约因素办不可能办到的事？启动一个排程，如果在第一步就需要制约因素随机应变，这不是启动排程，而是启动乱局。

我们可以考虑这个吗？当然可以，所有所需数据都由我们处置，我们确实知道正在制约因素前面等待的是什么物料，以及它们的数量。因此，我们需要做的是对屏幕上显示的图进行进一步的小动作，我们必须确保排头的各方框确实已有相关物料在等待。这意味着如果情况并非如此，那么系统必须从所需方框中找出有物料的最早的一批方框，并重新排序，令它们处于起始位置。

"起始位置"是什么意思？通过为已有物料的方框进行排程，我们应该保护的是一段怎样的起始时间？足够让我们把其他一切所需带到前头来的时间。很不错的答案，但我们有针对这个时段的线索吗？有，不止一条线索。使用者已提供了估计的资源制约因素缓冲长度，这就是任务从发放到抵达资源制约因素所需的时间的估计，要很可靠地抵达，没有诸多麻烦。我们是否应该将该技巧用于我们目前的环境中？我们不要忘记，我们正承受着压力，我们把某些紧迫的事情推迟。好吧，就让我们说，由于情况很紧急，而我们也愿意加急，所以我们应保护这些方框，但这些方框必须在不迟于资源制约因素缓冲（由现在起计）一半的时间内完成。为什么是缓冲的一半，而不是三分之二？一开始就要制约因素即兴做这些，肯定会导致不止一张订单被延误，好吧，让它变成三分之二吧。但在这个时间点之后，我们就可以有把握地认为，一切所需物料都已被我们成功地带到制约因素面前。那么我们就由那里开始为资源制约因素进行排程，而无须担心物料是否已到位。

我们现在已有了足够的保护，但我们的诸多额外动作会不会为我们的问题添麻烦，制造出更多红色方框呢？有可能会这样，但这是现实。没有可用物料仍去筹划工作，只是为了让那个图好看一点，是不切实际的。使用者将不得不解决所有红色方框，包括我们刚才制造出来的。我们可以施以援手吗？肯定可以，但请记住，在这个阶段，比任何时间更甚，我们的信息系统必须只占次要位置，使用者自己必须牢牢掌握一切。

当资源制约因素需要转换时间时，我们就有一线机会提高有效产出，且不与必要条件发生冲突，通过有限度地节省一些转换时间来增加有效产出，从而令需要付出的唯一代价只是增加一点库存而已。我们说过，每当在有效产出和库存之间进行权衡时，我们的系统就应该这样做，而无须寻求我们的进一步批准。我们这样说过了，但在这里我们偏离了这条原则。

无论如何，在这里，使用者将不得不手动更改次序。我们将讨论的这个增加有效产出的机会，在大多数情况下，仍不足以解决所有冲突，因此，我们需要叫停运作而去请示使用者。同时，我们只能通过更改方框的自然顺序来达致改善。方框将不再依从原来的交期，因此，情况很混乱，对使用者而言，要掌握所需改动是不容易的。所以，我认为最好向使用者展示最"原始"的图，并要求直接给予指令来进行琐碎的转换节省。

我们提到的这个机会——琐碎的转换节省——到底是什么？每当两个相同的方框出现时，就有可能节省转换时间。相同的方框是指两张不同的订单需要执行相同的零件编码／工序编码。每个方框都预留空间进行转换，除非两个方框是连续执行的，一个紧接另一个，在这种情况下，就没有必要去重置该资源，因此第二个方框就无须进行转换。因此，移动一下两个相同方框中的一个，就可以将两个方框"黏合"起来，从而释放产能，使制约因素可以在同一时段内满足更多订单。

此举的负面效果是什么？一个是为了"黏合"方框，我们将不得不将较迟的方框向前推，令它早于原定时间就开工（如果相反，将较早的那个方框向后拉，就意味着相关订单一定延误）。这就意味着我们将提早发放物料到生产线。为了节省转换时间，库存增加了。如果此举有助于其他订单准时交货，我们乐意付出增加库存的代价。当然，这也意味着如果我们"黏合"了两个相同的方框，而两者之后没有红色方框，那么这就显示我们迷失方向了。这项转换"节省"到底帮了谁？我们会出更多货、增加有效产出吗？

如果库存的增加是唯一的负面效果，我们会将"黏合"作为经常性做法。我们都知道在很多情况下转换时间非常长，"一件""两件"的订单很多，而相关工序时间却非常短。在那些情况下，如果我们不"黏合"方框，我们将面临的情况是，资源制约因素的大部分时间都不是用于生产，而是用于转换。那么，为什么我们称转换时间的这项节省为小改善呢？答案在于以下事实，我们不反对"黏合"方框，我们反对的是使用者没有进行仔细监控，就允许信息系统进行"黏合"。在大多数情况下，节省转换需要付出一项比只增加库存更高的代价，让我们更深入地研究一下此事。

当我们"黏合"两个方框时，它们之后的所有方框都将获益，它们将更早动工（相对于"黏合"没有发生），它们提早的时间就是在转换上所节省的时间。两个（"黏合"）方框之间的所有方框又如何呢？所有这些方框将被推迟，推迟的时间就是较后的方框被提前的时间。如果两个相同的方框之间有一个红色方框，那么将相同的方框黏合，就意味着我们清楚知道准时完成哪张订单是最重要的，这类决定不应由信息系统来做出。

使用者在许多情况下将不得不做出这类决定。系统会允许只用手动进行这种"黏合"吗？在一些不太罕见的情况下，手动操作——分别处理每个方框会给使用者带来很多麻烦。我们必须提供电脑上的协助。此外，请记住，每次节省转换，我们影响的不只是一个方框，我们会影响很多方框，正如我们所说，有些方框会变成红色，而另一些会变灰白色。显然，我们必须提供某种方式，让使用者可以给出更广范围的指令，而不是针对每个方框的指令，并且能够看到他的指令对所有冲突点的影响。

哪种类型的广泛指令较恰当？当转换时间相对较长时，方框的"黏合"就更重要。不要忘记，转换不仅关乎资源，也关乎资源所执行的特定任务。因此，即使我们在这里面对的是一类资源，不同的方框将代表节省转换的机会的大小。另外，为了节省转换，我们必须跳到未来，将一个方框拉过来，我们跳得越远，高低不同的方框越多（这里的方框指两个方框之间的所有原有方框）。

因此，我们就有理由要求使用者给出的广泛指令以一个比值来表示，即将要节省的时间与系统被允许跳到未来的时间的比。例如，比值100就是一项指令：每节省1小时的转换，系统将被允许跳到未来100小时（或之内）拉来一个相同的方框。

由于大多数使用者从来没有机会看到这种决定对自己操作的影响，因此不应将这个比值视作一项输入参数，必须让使用者在电脑上尝试多个比值，直到他对图中方框的颜色感到满意为止。由于这样一个指令的执行时间（看看一个数字如何影响所有方框的颜色）只需几秒，我们眼前的就是一个真正的决策支持系统了，这个系统的设计不会忽略一个事实——人类的直觉不能总以数据来表达，同时，系统也不通过提供已知数据来"帮助"使用者，而是通过表达使用者的不同决定所产生的结果来帮助使用者。

在这个阶段，我们是否已消除了所有冲突呢？我们从屏幕上消除红色方框了吗？当然还没有，我们可能减少了红色方框的数量，但仍然还有一些，记住，我们知道我们还需要面对一个瓶颈问题。实际上，如果在资源制约因素上的转换都只是不值一提的皮毛小事的话，我们还没有做过任何事情来消除冲突。

因此，现在是时候使用更大的"炮"了——加班。

33

解决其余所有冲突

正如我们之前提及的，系统应该就每项资源可容许多少加班提供一些广泛的指引。提供指引的前提是，只有当不加班就会危害有效产出的情况下才可加班，加班不是由于任何其他人为的原因。

加班指令是以上限的形式表达的：每天、每个周末的加班上限是多少小时，以及每周的加班上限是多少小时。之所以要有一个一周的加班上限，是因为有时候每天的加班上限乘以一周工作天数再加周末的加班上限，就已相当高，要有一个每周加班上限来把把关。员工疲劳是一个主要考虑因素。

正如我们稍后将看到的，就非制约因素资源而言，将遵循加班指令，而不需要使用者的额外许可，但当我们面对的是一个制约因素资源时，做法就不一样了，在这里，我们致力于节省转换时间。只有当使用者已用尽所有其他方法仍无功而返时，加班才有意义，因此需要使用者的主动。

我们要记住的是，每当允许在特定日期加班时，加班惠及的不仅是当天要完工的方框，所有排在后面的方框也将受益——它们都可以比原定计划早完工。因此，我们可能发现，当我们以加班来协助某红色方框时，该方框可能仍然保持红色，但许多其他方框（后面的方框）可能会由红色转为正常。此外，最后的观察结果表明，为了"协助"特定的方框，我们不仅可以在方框原定的完工日期那天加班，还可以在所有其他更早的日期加班。当然，我们给予加班的位置越早（相对于方框的完工日期），公司的库存就增加得越多。

现在看来，我们已准备好指导"愚蠢"的电脑如何分配加班时间了，我们只需要将我们刚才所说的转化为从逻辑导出的行动。我们说过，加班只用于增加有效产出，屏幕上的红色方框才能触发加班。如果所有方框都不是红色的，那么就没有任何订单有延误的危险，干吗加班？

我们应该首先考虑哪个红色方框呢？我们说过，在特定日期加班一小时，不仅可以帮助一个方框，也可以在同等程度上帮助所有原定较迟才能完工的方框。我们不想浪费加班（请记住，跟正常工时不同，加班的每小时都会增加运营费用），因此，我们最好将加班放到助力最大的位置，即第一个红色方框之前。我们还说过，加班的位置越早（相对于红色方框的日期），我们为库存增加而付出的代价就越大。因此，我们不应只将加班放在第一个红色方框之前（左侧），我们还必须将它放得尽量靠近该红色方框。

那么，让我们一开始就只聚焦于第一个红色方框吧，不要理其他方框了。让我们将那个方框向后移，并在允许的位置加班。我们将继续移动，直到以下两种情况之一发生：红色方框变色，或者我们遗憾地撞到"现在"了。如果我们被后者的情况所阻止，这意味着为帮助相关订单，我们已用尽加班的方法了，我们将不得不要求使用者使出更厉害的手段。

完事了吗？还没有，我们的屏幕看起来好像发了麻疹。我们处理过的那个红色方框不是唯一的红色方框，它只是众多红色方框中的第一个。对，我们已允许的加班肯定有助于处理令人讨厌的所有其他红色方框，甚至令当中的一些方框颜色变为正常。可是，尽管如此，这通常还是不够的，许多红色方框仍在把我们的屏幕染红。系统要做的只是重复相同的程序，这次集中于下一个最接近的红色方框，根据定义，这个红色方框必须位于原来方框的右侧（希望原来的方框现在已不是红色的了）。系统应该继续跳这个有趣的舞，向前踏一步——到下一个仍然红色的方框，向后退多步——在允许的位置插入加班，直至所有红色方框都处理完。

如果情况真的很糟糕，或者加班的可能性很小，那么我们最终面临的情况将是屏幕仍然红斑点点。现在我们必须转向"个别"处理。使用者仍然可以操控屏幕，他可以决定将某方框的工作卸载至另一资源；将方框分拆，拿走其中一部分，在不同的时间完成；或者来一次更长的、一次性的加班。什么手段都要出笼了，使用者是真正的老板。

对于这种"个别"处理，我们应当正确理解。这些措施都旨在解决特定红色方框的问题，但这并不意味着它们仅对该红色方框有影响。这一说法的反面通常也是正确的。例如，将一个特定红色方框的工作卸载至另一（非制约因素）部门，肯定有助于完成相关订单，这对比被卸载方框更迟的所有红色方框肯定也有帮助。这就意味着，为了查看使用者的决定的影响，在屏幕上显示所有制约因素的方框的最新情况就非常重要，实际上是至关重要。事实证明，这种与时间有关的方框演示比原来设想的更有效。

对所有这些可能性感到满意，不应令我们忘却使用者手中仍有的一个最重要的选项——使用者可以随时选择放弃。不，这不是在开玩笑。即使屏幕上仍然有红色方框，使用者也可以选择这样说："方法已用尽，我现在不得不忍受一些延误订单了。"这样的表态意味着没有任何公认的方法可通过对资源制约因素的有限产能的处理来移除冲突。因此，移除冲突的唯一方法是推迟相关订单的承诺交货期。

系统现在必须准确地做到这一点。现在，每张导致红色方框的订单的交货期必须被推迟至未来，推迟多久呢？新的交货期必须等于众红色方框中最迟的完结时间点加上付货缓冲。受影响的订单必须一一在屏幕上显示。很多时候，当我们意识到延误是多么严重时，我们会突然发现产生更多产能的更多的"创新"方法。必须向使用者展示最终结果，然后让他们回头继续努力对付各红色方框。

我们不喜欢订单延误，但有些事情我们应该更害怕——延误而又没有给客户任何预警。这是什么情况？我们没有足够的产能，我们已用尽办法，但产能仍然短缺。除非奇迹出现，否则一些订单必然延误。那么，最好现在（事前几个星期）就打电话给客户，告诉对方这个坏消息。这总比事后道歉好多了。

这个步骤一旦完成，我们其实已完成构建通常称为"主排程"的首次尝试。请注意，该主排程在一个重要的点上与公认的主排程概念有所不同。它的构建不仅根据订单的数据，也根据资源制约因素详细排程上的数据。

为什么我们强调这只是"首次尝试"？因为我们还没有完成。可能还会有更多的资源制约因素，所以，现在我们必须执行下一个步骤："其他一切迁就以上决定"。所有其他资源的行动都必须被定出，以可靠地完成迁就。

在某种程度上，我们所做的事是在时间轴上将一些活动锁定下来，我们也确保内部冲突已被移除。现在，所有其他活动都必须按这个节奏行进。这就是为什么我们将刚刚完成的行动称为"批准相关的鼓"。我们已确定了鼓的节奏，整家公司都必须按这个节奏行进。

在我们深入研究并开始制定恰当的程序来令所有其他资源迁就之前，也许是时候介绍一个新概念了——杆（rod）。事实上，在大多数环境中，杆的概念都用不上，但在一些环境中确有需要，而在少数环境中，这个概念甚至占主导地位。而且，在所有环境中，当第二个资源制约因素出现时，杆的概念就很重要了，所以，何不现在就多说两句。

我们可能遇到以下情况，资源制约因素被要求在同一任务的多个阶段执行工作。在这种情况下，同一张订单会在我们的鼓上生成两个（或更多）方框。这个不太麻烦，只要两个方框（一早一迟）都不通过其他资源的运作互相向对方提供物料便行。现在我们来看看，如果资源制约因素通过其他资源来提供物料给自己，会带来什么麻烦？当然，为难之处在于：我们应该提供多少保护给制约因素的那个较迟的方框？一方面，不可以一点保护都不给，墨菲会找我们麻烦；另一方面，延迟制约因素已完成的工作也是非常不明智的。很明显，我们必须为那个较迟的方框提供缓冲，但我们也不应谨慎得过了头，因此我们不应给它一个完整的制约因素缓冲那么长的缓冲。制约因素缓冲长度的一半就可提供合理的保护了。

完了吗？还没有。在这种情况下，我们在时间轴上移动方框时必须小心。将左边的方框向左移，不会出什么问题，但如果向右移，那么它右边的"小弟弟"也会被推向右。正如我们所说的，左右两个方框之间允许的最小间隙是资源制约因素缓冲的一半。那么，将右边的方框向左移，它左边的"大哥哥"也会被推向左。看起来，这两个方框好像各自附着一根"杆"。左边的方框有一根杆指向右，而右边的方框有一根杆指向左。杆的长度等于资源制约因素缓冲的一半。这个两方框本身可在时间轴上自由移动，但它们的杆会导致另一方框也移动起来。图14说明了这种情况。当然，资源制约因素在一个任务中可能会为自己提供物料很多次，电子晶圆行业就是一个例子，因此，一个方框上可能附着多根杆。在这种情况下，一个方框的移动可能导致许多方框的移动。

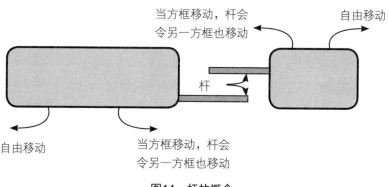

当方框移动，杆会
令另一方框也移动

自由移动

杆

自由移动

当方框移动，杆会
令另一方框也移动

图14 杆的概念

这一切其实都非常简单，但在离开这个话题之前，我们可仔细观察杆的长度。不，我不是质疑"缓冲的一半"这个决定，我想说的是，我们似乎把方框视作一个时间点，而不是一个时段。让我们看看，当知道了两个方框各自的长度后，下一步应怎样确定杆的长度。

我们必须确保方框A完成的每件产品都有足够时间（缓冲的一半）抵达方框B。

图15中的（1），我们以方框A完成的最后一件产品为基点，缓冲的一半减去方框B，就得出杆的长度。这种做法对方框A开头的产品是可以的，但对后段的产品就不行了（两个方框之间的空间太小，保护不足，一下子就撞上方框B）。

另一种做法，图15中的（2），以方框A第一件产品的开始为基点，情况更差，两个方框之间的空间更小了。

两种做法都不够好，如图15所示。唯一出路是将两个方框各自的终点分开考虑，在计算最短的距离（杆）时，两个方框的起点亦必须分开处理，所得的就是杆的有效长度。

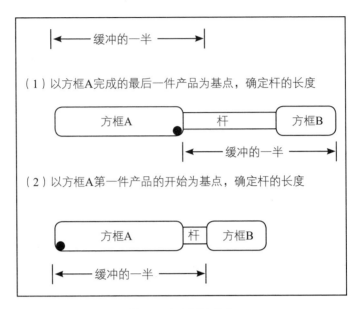

图15　确定杆的长度

离开这个话题，我很难找到一个好的理由继续拖延下去了。看起来好像我们没有任何选择，只能踏上我们的征程的下一段——关于迁就的话题。

34 手动操作的"迁就"：鼓—缓冲—绳子

我们谈到哪里了？在上一步中，订单的承诺交货期及资源制约因素的活动（方框）的确切日期已经确定了。我们也不必担心这些日期之间的任何不匹配，任何订单的日期都保证跟上一个方框有至少一个付货缓冲（或在紧急情况下至少有付货缓冲一半）的距离。现在，我们必须确定所有其他活动的日期了。

首先，让我们确定发放物料的日期，以确保物料会准时抵达资源制约因素。我们已定出一条规则：在资源制约因素消耗物料日期之前倒数一个资源缓冲时间，此时就应发放物料到生产线上去。因此要定出物料发放日期，我们只需要用已在鼓上确定的日期减去资源缓冲即可。

如何确定所有中段操作的日期？我们不要忘记已达成的共识，我们当然不希望这些人持有我们已决定发放的库存，我们只希望库存在制约因素面前积累，这才能防范供应中断。因此，物料发放的日期就是我们给负责中段工序的非制约因素资源的日期，我们希望这些员工在物料来到时就马上动手处理，最好就在物料发放当天。

这些资源真的能在指定日期开工吗？我们不天真——墨菲的确存在，短暂的排队肯定会有。这就是我们那么早就发放物料的原因。这就是说，每当我们向非制约因素资源发出带有特定日期的指令时，不应被理解为"当天执行"，完全不是这样。真正的意思是："请尽快执行，最好在物料抵达的那一刻。但如果物料在指定的日期之前早已到来，那么请稍候，请勿对物料进行任何处理——有人搞错了。从整个系统的角度来看，并考虑到物料供应的波动甚至中断，你现在无须处理这堆物料，请持有它们，直至指定的日期。"

这就带出一个结论：除非车间已有大量超额的库存，否则将排程分派给各个工作站没有多大意义。牢牢控制物料的发放，并要所有员工处理到手的物料（不管是什么次序），这就足够了。

每个人都这样干，当然，除了资源制约因素本身。资源制约因素必须严格遵循我们花了那么多功夫才定出的次序。他们必须尽最大努力照办，因此，必须向他们提供一张鼓清单。

且慢，还有一个例外要处理好——共用零件，即那些在多个零件编码／工序编码上都使用的零件。如果你对相关工作站说"有物料，就处理"，就可能导致物料流至错误的管道，从而一方面导致缺货，另一方面导致库存过高。我们必须给那些非制约因素资源一份排程，从而禁止他们过早地处理手中的物料。现在，非制约因素资源手中的排程有了全新的含义，排程并不告诉资源什么时候处理，恰恰相反，排程告诉资源什么时候不要处理，排程是"不要在……之前干"的清单。

要为直接供应物料给资源制约因素的活动确定日期并不难。所有提供物料给"自由订单"（那些完全不需要使用任何资源制约因素的订单）的活动又如何？我们之前所说的似乎在这里也完全适用；唯一不同的是，之前我们讲的是资源缓冲，这里讲的是付货缓冲。即使在这种情况下，逻辑似乎也无可挑剔。

我们完事了吗？还没有。红色地带的所有活动（在资源制约因素完成工作后需要开启的活动）又如何？我们是应该用上一个方框的到期日作为鼓，并尝试尽快处理那些任务，还是应该用订单的承诺交货期作为鼓，正如其他情况那样？

乍一看，这似乎是一个棘手的问题。我们已刻意避免资源制约因素的日期与订单的日期之间的冲突，那么为什么还要计较用哪个呢？但细看之下，你就会发现，避免冲突并不意味着这个问题毫无意义。

看，我们通过把方框向前和向后移来构建鼓。这意味着某些方框可能会被安排至一个较早的日期，比完成订单绝对需要的时间早。安排得那么早，就是要让制约因素腾出时间来处理其他订单。请记住，客户的订单何时加进来，并不是依据以资源制约因素何时有空而编成的漂亮排序来定的，更不用说季节性趋势之类的因素了。我们很有可能发现，方框被安排至一个较早的日期，比相关订单的承诺交货期减付货缓冲还要早。

因此，关乎所有中段操作的问题是：是否应该指示非制约因素尝试尽快处理物料？抑或非制约因素只容许处理制约因素交来的物料，即只遵循根据订单承诺交货期而发的指示？这不是故弄玄虚，而是一个实实在在的问题。

真的吗？如果我们遵循我们提出的特殊建议，不给非制约因素资源任何排程，那么我们使用哪个到期日都没关系了，对吧？任何物料，一旦供应给资源制约因素，就会触发各相关资源的工作，那么我们为什么还要担心呢？

对，可以这样说，但前提是有两种不同的情况需要考虑到。第一种情况很明显，我们说过，我们必须给使用共用零件的非制约因素一份排程。而在这里，我们应该怎样办？在这种情况下，我们很清楚应该使用哪个日期。为什么我们还要给这些资源一份排程呢？答案是，因为我们担心"偷窃"——他们自作主张，将共用零件用于另一目的。因此，如果资源直接使用共用零件，我们必须根据订单的承诺交货期编制排程，并给他们一份，没有其他选择。

以上是一种情况，第二种情况是什么？希望它能使我们得出相同的结论，否则我们将陷入困境。我们必须针对的第二种情况是，订单所要的产品涉及多个零件的装配，而其中只有一个零件涉及资源制约因素。假设由于产能不足，资源制约因素被编排开工的时间要比订单的实际要求早。在这种情况下，我们不能因为有一个零件提前，就要求所有其他零件的生产及装配也提前，客户一定会拒绝提早收货，怎么办？很明显，在这种情况下，我们还必须根据订单的承诺交货期来驱动所有其他生产活动的日期，而不是根据提供物料给它们的那个方框（资源制约因素）的日期。

我们已涵盖所有相关事情了吗？让我们检查一下。我们已讲过供应物料给资源制约因素的生产活动，我们已讲过供应物料给"自由订单"的生产活动，我们也讲过红色地带的方框和订单之间的生产活动，我们还漏了什么吗？哦，对了，我们还必须留意另一类生产活动——它们既不提供物料给资源制约因素，也不提供物料给"自由订单"。真的有这样的生产活动吗？有，就是我们分析过的——只需要资源制约因素所生产的一部分零件的装配工序。其他零件所需的生产活动又如何？这些生产活动肯定不在红色地带，它们也不提供物料给"自由订单"。

这么大阵仗，所为何事？我们刚刚说过了，对那些生产活动，我们应依据订单的承诺交货期行事。正确，但具体怎么做呢？在这种情况下，我们应该使用装配缓冲吗？对，当然应该。首先，我们应推导出装配工序的日期，方法是订单的承诺交货期减付货缓冲。然而，这还不够，我们还必须保证所有非制约因素所生产的零件都比资源制约因素所生产的零件早到来。因此，我们将不得不进一步减去装配缓冲的时间，最后所得日期就是我们用于所有这些生产活动的日期，特别是非制约因素负责处理的物料发放活动。

图16显示的订单产品有多重装配工序，资源制约因素工序有两个。订单的承诺交货期及各方框的日期已在鼓上确定了，所有其他日期都是根据我们到目前为止所讲过的方法得出的，请验证一下。

到目前为止，所有我们查看过的事例中，答案都是一样的——生产活动的排程应该根据活动下游的制约因素的日期来定。这么一句四平八稳的话，一定是对的吧？是的，但只在某种程度上正确。到目前为止，我们描述的是手动操作的鼓—缓冲—绳子程序，该程序已在许多现实环境中被证明确实有效。遗憾的是，这远远不足以达到我们的目的。我们要的不只是排程，我们的主要目的是找出公司的所有制约因素。

此外，我们希望编制一个排程，当中已找出的制约因素之间没有任何已知的内部冲突。信息系统无法容许那些冲突由车间人员来移除，因为那就太晚了。

按照我们概述的程序，与现实的冲突会以何种方式出现？是的，这是在现阶段应该摆在我们眼前的问题。我们刚刚概述完迁就，我们必须查看跟现实有没有冲突。那么，再问一次：冲突将以何种方式出现？以要求在"过去"发放物料的方式！我们将如何解决这类冲突？唯一的方法似乎是推迟鼓上的相关指令。根据定义，这意味着将订单押后。看来，在现阶段，移除冲突的唯一方法是降低有效产出。我们是否确定我们已尽力避免或至少减少这项损害？

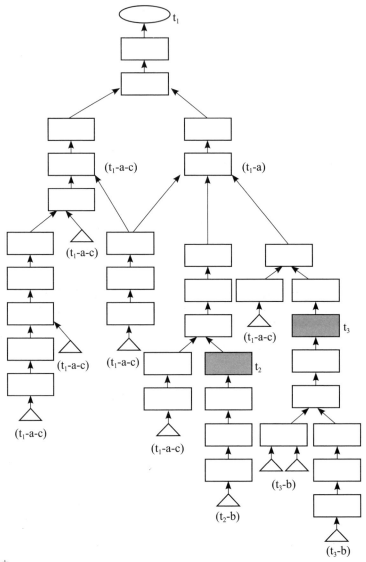

a：付货缓冲

b：资源制约因素缓冲

c：装配缓冲

t_1：装配工序1的日期（相当于整张订单的承诺交货期）

t_2：装配工序2的日期

t_3：装配工序3的日期

深颜色的两个方框代表资源制约因素的两项生产活动

注意：资源制约因素的路径上是不需要设置装配缓冲的，非资源制约因素的路径才需要

图16　物料发放日期依据鼓的日期和时间缓冲大小

为了解决冲突，我们已愿意付出库存和运营费用增加的代价，但为什么到头来还是束手无策呢？面对资源制约因素，我们可以做很多事情来缓解冲突而不危害有效产出，但当我们来到迁就这一步，面对非制约因素时，突然之间我们发觉自己什么都无法做，为什么？有点儿不对劲儿，不，一定有方法做得更好。我们大概在某些参数或错误的假设之下把改善机会集中在一起了，我们必须回头去看看，并加以撤除。

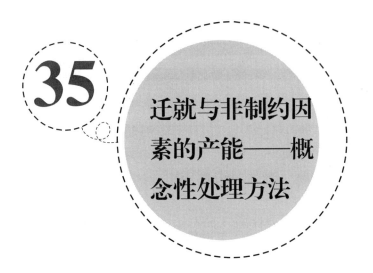

35

迁就与非制约因素的产能——概念性处理方法

我们从哪里开始寻找导致这种恶劣局面的根源呢？让我们仔细查看，尝试收集所有疑点，所有那些我们觉得还没有妥善处理之处。

我们应找出系统的制约因素。我们一遍又一遍地说，我们可能有不止一个资源制约因素，可能有另一个瓶颈，或者至少是一项没有足够保护性产能的资源。我们说过，我们将一一抓到它们，它们就像一只只呆坐的鸭子，抓住它们的方法就是通过一轮轮找出、挖尽、迁就。但在这里，问题来了，在完成迁就后出现的种种冲突都是与时间的冲突，以及与要我们在过去行事的不切实际的要求的冲突。我们不可能用这些冲突来寻找下一个资源制约因素，它们都不是工作负荷与可用产能之间的冲突。

我们为什么感到惊讶呢？在迁就阶段，我们根本没有考虑产能。可是，怎么会如此呢？难道我们应该在这个阶段忽视产能吗？难道只有当清楚地知道我们缺乏产能时，我们才应该考虑产能吗？大概不是吧。

整个迁就步骤似乎围绕着如何从鼓已设定的日期中减去各种缓冲。我们使用的唯一其他数据是缓冲的长度。缓冲的长度跟产能有关吗？这似乎是最关键的问题，我们踢中了另一个尚未弄清楚之点。你还记得吗，当我们讨论决定缓冲长度的各种因素时，我们说产能是主要因素之一？我们当时是怎样称呼它的呢？资源的非即时可得性（或这类名词）。我们说的是哪些资源？非制约因素资源。是的，这绝对是解决我们的问题的关键，一切都真相大白了。

首先，让我们回忆一下。要大家记起一个曾被冠以一个吓人的称呼（"产能的非即时可得性"）的事情，是有点不公平的。问题出在哪里呢？对了，我们讨论过，实际的工序时间其实只占订单整体时间的一小部分。记忆现在开始回来了。我们说，尽管平均而言我们有剩余的产能，但当工作到达资源时，可能仍必须排队等待，因为资源可能正忙于别的工作。

我们可采取一些什么行动呢？不少的行动。我们有所需的所有数据。也许有办法找出那些短暂的超负荷工作量会在何时发生。如果能办到这一点，那么在进行迁就时，我们也许能将产能一并考虑。让我们尝试弄清楚我们如何真的做到这一点吧。我们还害怕损失什么？不管怎样，我们现在正困在一条深沟里。

现在没有什么可以阻止我们计算每个非制约因素资源每天的工作负荷。这是一项非常简单的计算，就像MRP多年来一直在做的那样。因为有日历，所以我们知道资源每天的可得性。将一张清单除以另一张清单，就可以清楚地显示负荷过重将在哪里及何时发生。是的，这只是一个近似值。我们知道工作往往会晚一点儿到来，主要是由于这些过重负荷，但可以肯定，这将是一个非常有效和有用的近似值。

有用？在哪些方面有用？我们实际上会如何处理最终的图像——一幅像纽约市曼哈顿岛天际线的图像？还有，拜托，不要告诉我这将为我们带来更好的洞察力！只要涉及电脑，更好的洞察力就等于表示"我们真的不知道如何利用这个"，电脑将怎样利用更好的洞察力呢？

哈哈，你想把球抛给使用者？你是否要告诉我，使用者现在应该将图像中的高峰置于那些深谷中？使用者将如何实现这个奇迹呢？MRP试图在一个"复杂的"标题（"闭环"）之下实现这个，至于如何跳出那个"环"，请给我一个成功案例吧。你是否意识到，要移动一项资源的负荷高峰，其他资源也需要做出相应的移动？它们互相提供物料，当你埋首处理一座高峰时，你可能同时在为其他资源制造高峰，甚至更高的山峰。每个人都知道，这个"闭环"是一个"无尽的环"，程序不断重复。

好吧，我们已吐出心中的一点不快了，但很明显，一个好的解决方案就藏在这里的某处，那么让我们把它找出来吧，但要慢慢地找，它肯定隐藏在雷区的深处。

且看一个资源上的负荷高峰，我们当然不能不理这个高峰，我们无法要求资源的工作量超过其100%的产能。来吧，我们在这里讲的不是一个被扭曲的系统（系统中，人人都能实现130%的产能），我们讲的是我们的最佳预测。那么，怎样处理这个负荷高峰呢？请别考虑加班，想也不用想。别忘了，我们正在面对的是非制约因素资源，我们应该用加班来增加已有足够产能的资源的产能吗？多么荒谬的想法！

很明显，我们必须尝试将高峰搬至附近的深谷中。就非制约因素来说，深谷一定是足够多的。不，我们不应向未来寻找深谷，这样的深谷有何用？把高峰往这个方向搬，就意味着订单将延迟，进而危害有效产出，我们应该将高峰推向过去。

且慢，如果将高峰向前或向后推，我们是否也需要移动其他上游资源的负荷？

肯定需要，但这又有什么大不了？根据到目前为止所讲的，我们可以从逻辑上得出以下结论：我们必须将高峰推向过去，同时保证所得负荷是所有资源都承受得起的。因此，很明显，我们不应在编制排程之后才来看负荷情况，因为这实在太迟了。

相反，在编制排程时，我们必须非常小心地一直向后移。所有其他较迟的生产活动都上了排程之前，不应将任何生产活动编排在某特定日期。这是唯一的方法，可保证当我们将负荷高峰向后推时，它的上游生产活动也将在一个深谷着陆，而不是在一座更高的山。这也意味着我们必须收集每项资源的负荷数据以进行所需的"推"，当非制约因素的排程正在编制之际，就要进行"推"，而不是之后。

你说起来简单。不是说我已完全理解你在说什么，但请告诉我，MRP排程也总是向后的吗？如果你的说法是对的，那么要MRP在编制排程时（而不是在编制排程之后）计算负荷，又有什么大不了的呢？为什么MRP不这样做呢？事情可能不那么简单，也许比你说得更复杂，因此，我有理由怀疑这大概也是错的。

好，让我们细看。无论如何，我们仍然必须将所言转化为可行的程序，我们手中的只是一个大纲而已。但在这样做之前，请告诉我，为什么你声称MRP是向后排程的？是的，我也知道每个人都这样认为，但这并不足以证明这是真的。根据我对MRP的理解，并让我选择其中一种最简单的程序（它们总是得出完全相同的答案），MRP在时间轴上的移动方式是……也许我最好还是用一个例子来说说。

想象一下，整件产品的结构是，产品由两个零件装配而成。产品有许多订单，承诺交货期各有不同。当MRP为这家公司排程时，MRP将在时间轴上怎样移动？

MRP必须从最早的订单开始，否则，MRP将难以分配现有库存。不明白？好，假设MRP以最迟的订单开始——请记住，MRP是一边进行排程，一边分配在制品库存的。试想象一下，当使用者发现他们为一张急单而生产的库存突然被分配至一张在一个月后才需要完成的订单时，他们会有的怎样反应，此外，那台笨拙的电脑还在要求他们加急生产同样的库存！

因此，MRP从最早的订单开始。请你将食指放在时间轴上的适当位置，即订单的承诺交货期，现在，MRP开始"炸开"产品结构，并在时间轴上向后移动，请相应地移动食指，食指来到装配工序，然后往哪里走？它必须在两条路线中选其一，即两个零件之一，选了一个后，它将继续沿这条路线向下探，而你的食指继续向左移。到目前为止，我们都在向后移，没问题，MRP来到物料并进行处理。下一步是什么？我们还需要为另一个零件进行排程，那么回到装配工序，并开始沿第二条路线向下探。且慢，不要说得那么快！你的食指应该干什么？返回装配工序就意味着你在时间轴上向前移，然后，沿第二条路线往下探就意味着又再向后移。你的食指在时间轴上进行了美妙的前后摆动。这张订单我们现在完成了，下一步是什么？

我们为什么不跳跳探戈？启动下一张订单，就意味着食指进一步向右移。沿一个零件向下探，就是向左移，现在到了装配工序，即再次向右移。到另一个零件，向左移。到下一张订单，再向右移……依此类推。这就是我们所说的在时间轴上向后移吗？在我眼中，它更像"之"字形移动，而它的总趋势其实是向前移的。

童话故事已说够了。MRP是向后排程的吗？让我们认真一点吧，我们应如何设计一个始终在时间轴上向后移，而又能同时铲掉那些过高负荷的程序呢？

36

动态时间缓冲及保护性产能

在时间轴上始终向后移，这意味着我们必须从我们最迟要做的事情开始。如果从任何其他的点开始，我们最终将被迫向前移。毫无疑问，最迟的事情当然是最迟的订单，或者，更准确地说，最迟的订单仍比排程时限 + 付货缓冲早一点，你同意吗？

不，那不是我们应该开始的地方，如果我们那样做，库存将被分配给最迟的订单，我们还是从分配库存开始吧。

当我们为鼓生成那些方框时，我们不是已经这样做了吗？是的，但当时我们只分配了红色地带的库存。在那个阶段，我们没有必要分配这部分以外的库存，分配红色地带以外的库存是没有意义的。请记住，我们是根据订单的承诺交货期来分配的——先到先得。当我们确认鼓时，我们很可能曾改变过某些订单的承诺交货期，因此，现在是时候恰当地完成分配了。

这不会花很多时间，由于所有相关数据都存储在电脑记忆体中，因此可以以惊人的速度完成这些步骤。如果我们仍想继续拖延，那么我们得想出"更好"的、"更长"的主意来。

缓冲长度又如何呢？这个看起来更有趣。

它怎么了？

我们说过，影响任务所需时间的主要因素之一是非制约因素资源的非即时可得性。我们现在将考虑这一点，这会不会影响使用者对各种缓冲的适当长度的初始选择？我们应当在执行迁就之前就讨论此事吗？请记住，迁就程序在很大程度上基于缓冲的长度。

你说得有点道理。将高峰推入一个较早的深谷，到底是什么意思？用较平实的语句来形容，此举只是意味着我们打算排程一项生产活动，由于产能，该项生产活动不得不被排程至一个较早的日期，那么日期受到影响的只有这项生产活动吗？不是，它的所有上游生产活动也相应地被移动，包括相关物料的发放日期。我们处理负荷高峰，所产生的总后果是，发放物料的日期要比缓冲长度所示的日期早，换句话说，我们为了这类生产活动而将原有的缓冲拉长。

是的，这个机制将非常准确地考虑非即时可得性对任务所需时间的影响。让我们尝试消化这份惊喜，我们过去一直在努力解决的最困难的问题之一就是如何估计各排队时间。每个尝试实施MRP的人都知道，确定排队时间引发了生产人员和物料人员之间不断的争执。

不断的救火和优先顺序的改动，在显示排队时间时被估计得过低了，而降低整体交货时间的压力，却迫使我们相信排队时间被估计得过高。在国防工业某些领域，我们发现每个活动的排队时间都被预设为一周，跟活动实际所需时间完全无关。尽管如此，装配时才发觉的物料短缺已被视为无可奈何的既定事实。尽管争议不断，每个局中人都非常清楚，给特定工作站的排队时间估计，充其量只是一个胡乱猜测而已。在设计工程中的情况甚至更糟，排队时间与执行时间混在一起，导致人们对任何时间估计的完全不信任。

这也难怪，排队时间并不关乎你要完成的任务本身，而主要关乎资源上的工作负荷。订单的到来并不依均匀的顺序，而订单的组合也会不断变化，因此，资源肩上的负荷可以波动很大——有两天，特定资源要废寝忘食地工作，翌日却几乎无事可做。尝试为排队时间给出一个数字，就是尝试用虚构的"平均排队时间"来代表动态，试图用平均数来描绘急剧波动，只会导致令人非常不满的结果。

以时间缓冲取代排队时间，无疑令情况大大改善了。排队时间的通常概念是，尝试在资源层面定出一个平均数——任务平均需要在资源面前等多久？这是没用的，明天的过剩产能对今天的我毫无帮助，你昨天的过剩产能（物料没有依时到来）对今天的我也毫无帮助。然而，在任务层面定出一个平均数——用时间缓冲概念和加急的启动——就绝对有帮助。

我们在这里提出的建议，似乎变成了下一步改善的内容。我们能够非常可靠地预测负荷的预期波动，波动是由被公司的内部制约因素调整过的市场制约因素所决定的。我们的建议是，根据预期的负荷波动为物料的发放定出时间，这肯定会缩短物料在资源面前排队的时间，从而显著减少整体所需时间。

我们只需要一个机制来找出公司的制约因素，作为附带好处，我们还进一步降低了库存。这绝对是一个标志，显示我们正朝着正确的方向迈进。

是的，原来估计的缓冲时间必须大大缩短。我们必须提供给信息系统的数据——缓冲长度——其实不是对所需总时间的估计，而是更小的值，我们只需要估计"纯墨菲"对交货所需时间的影响便行。我们可以不理非即时可得性的影响，这个将由系统本身根据具体情况一宗一宗地得到处理，我们实际上必须提供给信息系统的是时间缓冲的"固定部分"，"可变部分"必须由系统来处理，基本上我们使用的是动态缓冲（dynamic buffering）。

　　一段题外话：实际上，我们应该回过头来，用"固定部分"和"可变部分"这两个词来重写迁就程序的整个解释。幸运的是，事实证明，我们可以安心地讨论下去而不产生任何混乱。当提及缓冲时，我们应明白我们指的只是时间缓冲的固定部分。

　　当然，"缓冲管理"将不断调整时间缓冲的长度，但我们如何得出最初始的估计呢？我们必须有一个起点，但没有人仅衡量过一部分交货时间——纯墨菲引起的那部分。我在这一阶段的建议，取决于使用者在实施时间缓冲方面的实际经验水平。如果你已实施了手动式的鼓—缓冲—绳子，那么就将缓冲长度砍掉一半吧，否则，估计一下各任务的当前平均所需时间，然后除以5，这将提供一个很不错的起点。

　　先前我们所说的拖延，竟然间接带来丰硕的成果，也许我们应该再试试。我们的确有了头绪，但这次不是一个主意，而是一个非常令人困扰的问题。

　　看，将高峰夷平，会导致资源长时间100%忙碌。基本上，资源可能被要求连续多天100%用尽可用产能。在这期间，很明显，该资源将没有任何保护性产能，它的所有可用的产能都用于生产。我们将容忍非制约因素零保护性产能多久，才承认出乱子了？

　　真是个问题，但你说得对，我们必须解决这个问题。让我们来看看，资源必须有保护性产能，才能修复干扰所造成的损害，不仅涉及该资源，也涉及它上游的所有生产活动。在这种情况下，我们讲的是什么类型的损害？基本上就是让制约因素了无保护所造成的损害。

　　在任何特定时间点，制约因素仅受缓冲领地内的"物料"的内容所保护。请记住，这里讲的不一定是实物性库存，对市场制约因素而言，保护可以是货运的提前，对工程而言，保护可以是一纸工程图，甚至是必需数据。

我们已强调指出，并不是任何库存都有保护作用，它必须是对的库存——那些已被安排给制约因素消耗的物料。

现在让我们尝试在脑海中构建以下图像。不要理那些短暂的过高负荷了，这些我们会分别处理，我们在这里讲的是经常性的干扰。有一项任务现在被安排由一个制约因素处理，规定完成的时间是由现在至从现在开始的时间缓冲之间的某个时间。如果这项任务现在尚未在缓冲领地中出现，那么让我们称之为"缓冲领地中的洞"。

让我们追踪这个洞。假设在鼓上，该任务已有一个时间缓冲，由任务的承诺交货期向后计。现在，洞尚未进入缓冲领地，但时间一分一秒地过去，任务的物料仍然没有到来，洞因此就闯进并越来越深入缓冲领地。它很快就穿过追踪区，进入加急区，如果仍然没有来，该制约因素将不得不偏离原来计划，有效产出受损了。

心中有了以上图像后，就让我们回到保护性产能这个话题吧。看看在某天100%忙碌的非制约因素。当天该资源没有任何保护性产能，这就意味着任务由于干扰将延迟抵达缓冲领地，洞就会闯入缓冲领地，闯入多远？这就要看资源需要多少保护性产能，以及缓冲的长度了。

我们如何更扎实地掌握这个问题呢？也许我们应该尝试用一些数据。假设资源需要5%的保护性产能，这意味着它5%的时间必须能够用来帮助公司从干扰的影响中恢复过来。换句话说，这意味着需要有5%的保护性产能，资源才不会助长洞在缓冲领地中闯。如果资源完全没有保护性产能，那么洞将以每天增加5%的速度在缓冲领地中闯。当然，这是平均而言，我们面对的不是确定性事件，而是统计性事件——干扰。

现在，答案就很明显了。资源零保护性产能的每天，洞每天向前侵蚀的速度就是资源所需的保护性产能的百分比。我们可容忍非制约因素资源连续多少天零保护性产能？我们必须决定容许洞闯进多远，才承认麻烦来了？就让我们决定为缓冲的一半吧，比这个更高的话，就等同于以五发子弹赌俄罗斯轮盘。

这意味着当进行迁就时，我们必须注意，在要求资源进行没有预先编排的工作之前，资源不宜以过高负荷运行太久。基本上，我们必须不断跟踪资源的负荷状况在如何影响我们的洞。可是，由于我们已明白保护性产能和缓冲长度的关系，因此编写相关电脑程序是一项相对简单的工作。

还有别的需要谈谈吗？

37

剩下的一些问题

现在我们可以开始构建迁就程序了吗？还不行，我们仍然有一些要点要提出。

关于在时间轴上将高峰向后移，我们将如何处理红色地带上的活动所造成的高峰？将相关生产活动移至一个较早日期，制约因素本身的活动方框也必须相应地移动。在我心目中，迁就是指依从，并不是指推倒重来。

好，很明显，由红色地带上的活动所造成的高峰，或者简称"红色地带高峰"，需要特别处理。

首先，我们必须看看红色地带高峰是否真的有这种情况，换句话说，看看夷平高峰是否导致相应的方框也移动。只有当时间轴上没有虚位（slack，当方框的日期不早于订单日期减付货缓冲）时，这种情况才会出现。正如我们先前所说的，情况并非永远如此。有时候，由于资源制约因素高峰，方框被放置得更早了。在其他时候，同一订单会生成一个以上方框，并且，如果由于红色方框，订单的承诺交货期被更改了，那么所有其他方框就会出现虚位。

如果有足够的虚位，我们对待红色地带高峰的方式可以像对待任何高峰那样，如果没有虚位，我们将不得不直接针对高峰本身。

首先，请记住，在这些极端情况下，缓冲长度的一半我们也愿意接受。不对高峰采取行动就意味着任务会导致一个洞在缓冲领地中生成，超出可用产能的每小时都会导致洞在缓冲领地中的侵入又推进了一小时。因此，我们可以忍受的最大高峰时数取决于缓冲的长度，这实际上等同于向前夷平，牺牲保护。

假设我们用尽办法，洞仍然出现，现在，如果可以的话，让我们加班。如果这个帮助也不大，就去找使用者吧。使用者必须在三种做法中选其一，要么批准更多的加班（系统必须告诉他需要加多少班），要么将任务卸载给另一资源（系统必须告诉他最少应卸载多少），要么将订单推迟（系统必须告诉他应推至何时）。还有其他可能性吗？有，使用者可能知道问题是由错误的数据引起的，因而选择让系统不要理高峰，只管如常运作就好了。

如果那真的是一个大难题，会发生什么？如果上述可能性都不切实际，使用者该怎么办？看来似乎我们还有一个额外的制约因素，不是吗？出现该高峰的资源应被公布为制约因素，系统应暂停这个阶段的工作。我们已达到了中程目标——我们找到了一个额外的制约因素，系统必须转向下一步——化解已知制约因素之间的冲突。

对我来说，这个想法听起来不错。让我们转到下一个未明朗之点。我想问一个问题，我们如何看待实际执行一项生产活动所需的时间？我明白，我们已留意到工序时间对整体所需时间的影响，即工序时间对资源的工作负荷的影响。我也明白并认同，工序时间只占整体所需时间的很小一部分，但工序时间仍不可以被忽视。我们已有了所有必要的数据，为什么我们不深入看看这个呢？

让我们来看看。你的建议是，为每项生产活动计算一下每个批次所需的时间，方法是每件的工序时间乘以件数，再加上转换时间，然后按任务的生产活动次序将计算结果罗列出来。看看如果我们执行你的建议，情况会怎样。

假设我们正面对的是一条工业生产线，生产线有十个不同的工作站，工作站处理一件物料需要不到一分钟，最多两分钟。现在假设订单要几百件货，如果我们遵循你的建议，计算结果会怎样？由于在每个工作站，整张订单的工序时间约为一天，因此我们认为，即使没有出现干扰，也需要大约一周的时间才能完成该订单。这很荒谬，我们都知道，只需一天便行。

如果只考虑每项生产活动处理整个批次所需的时间，我们就有可能忽略在不同生产活动之间批次重叠的可能性。就像一条流水线，即使每个工作站需要花一天时间才能完成订单，也不排除当一个工作站完成第一件货后，下一个工作站就可以立即开始处理。看，如果我们问工序时间占了多少时间，它甚至比我们想象的要少。如果没有资源可得性的麻烦，就像流水线那样，而墨菲也不存在，那么完成订单的时间几乎等于需时最长的工作站完成订单的时间。如果你还想更精确一点，那么完成订单的时间就等于最长的生产活动完成订单所需的时间 + 所有其他生产活动出一件货所需时间的总和。跟非即时可得性和墨菲相比，这个数字总是小得可笑，为什么还要计算这个？只是由于我们有所需数据吗？

你说的听起来都是对的，但这是假设你能够将任务的所有生产活动重叠起来，这并不一定能办到。我不是指那些本来肯定有能力办到的环境，办不到只是由于有些可笑的、虚假的、以更佳控制为名的政策在从中作梗。不，在那种环境中，政策制约因素应该被松绑。我指的情况是，由于技术性限制，生产活动根本无法重叠。以处理批次的烤箱为例吧，一旦批次进入烤箱，门关上，那么批次中的每件货都必须等，等到工序完成了，门开了，才行。运输是另一个例子，我们根本不可能为每件货出一次车。整个批次一起处理的话，在技术上生产活动就没有重叠的可能。

因此，实际工序时间占整体所需时间的多少，要看处理最长的生产活动的批次所需时间 + 处理不可能重叠的生产活动的批次所需的时间 + 其他所有生产活动处理一件货所需的总时间。我们确实有了所有必需的数据，何不好好利用？

如果你坚持，那就用吧。还有其他什么吗？或者，我们终于可以开始构建迁就程序了吧？

最后一个问题，如果你有耐心的话。在迁就步骤中，我们应否尽力节省转换时间？

为什么要节省转换时间呢？节省转换时间是为了什么？我们实际上在这里节省了什么？不是钱，而是时间，节省出来的时间对你有何用呢？它会帮助你增加有效产出吗？有效产出是由组织的制约因素决定的，我们在这里面对的只是非制约因素。如果由于转换时间，资源没有足够的产能，那么我们就宣称该资源为制约因素，并相应地处理转换的需求。那么，我们为什么还需要为转换一事费心？

有效产出并不是影响我们的利润的唯一因素。库存和运营费用也应被考虑在内，尽管在程度上较小。让我们看看它们是否会导致我们在迁就这一步考虑节省转换时间。

当我们考虑节省转换时间时，这就意味着加大批量，将一些没有必要在今天处理的物料也拉过来。节省转换时间会增加库存，库存的考虑可能反过来令我们不想节省转换时间。

当然，除非转换时间所占的比例实在大，大至足以生成一个制约因素，那么在这种情况下，我们必须付出库存增加的代价来保护该制约因素，令它不受干扰。我们决定做两件事，首先是在我们宣布第二个资源制约因素之前，先尽力节省转换时间。请记住，在找出第一个资源制约因素时，我们用了最短的转换时间（每个零件编码／工序编码一次转换，而不是每张订单一次），这就等同于最大可能地节省转换时间。

在什么时候我们尝试找出额外的资源制约因素？是当迁就步骤完成，而我们却有了一个无法推向过去的负荷高峰时。在此阶段，我们就要查看高峰的所有批次，尽力节省转换时间。我个人怀疑此举的成效有多大，但此举大概有助于减少卸载和加班，否则，没有此举而又想化解高峰（因而不产生新的资源制约因素），卸载和加班是难免的。

我们还可以做更多的事。如果在我们的环境中转换是一个非常重要的考虑，那么在很早期时，我们大概会碰上一个需要"黏合"许多方框的资源制约因素，如果在进行迁就时，我们将一串"黏合"的方框视为一个方框，而不是原来的一个个单一的方框，那么我们就能在所有上游资源上节省大量转换时间。在这种情况下，我们已付出了库存代价的绝大部分，因为鼓现在能够"跳"过众多的方框。处理"黏合"方框的代价不算太大，从中所得的助力却不小。

因为运营费用而考虑节省转换时间，这方面又如何呢？这开始显得有点过了头。影响运营费用的唯一有效途径是减少加班，我们在哪里允许加班？在鼓上，反正我们已在这里致力于节省转换时间；在即将被推移的高峰上，我们在这里节省转换时间；在红色地带的高峰上。在最后的情况中，无论如何，我们都不能将批次移到过去。那么，我们其实在讲什么呢？

够了！够了！让我们构建一个程序，让迁就妥善处理非制约因素资源的产能。

38 迁就程序的细节

基本上，构建迁就程序所需的所有要素，我们都有了；其中一些，我怀疑被过度修饰了。现在，我们只把它们放在一起。遗憾的是，在解决了所有可能的困难之后，描述程序就变得非常技术性。如果你不是一名系统狂，你大可以离开一会儿，在第39章再回来，除非你想昏昏入睡。

最重要的指导原则是要保持一致，在时间轴上只向后移。这意味着在系统将一项生产活动排程至一个特定日期之前，必须确保应被排程至较迟日期的所有生产活动都已安顿好了。我们痛恨漏网之鱼，因为任何回头拾漏之举，都是违反我们始终在时间轴上向后移的决定的。

这小小的一段话，听来几乎是多此一言，但实际上已决定了整个程序。

首先，现在很明显，在时间轴上向后移，我们必须非常了解系统正面对的日期。从现在开始，让我们将这个日期称为"当前日期"。

其次，强调我们痛恨漏网之鱼，就是在告诉我们，我们不想在没有充分理由的情况下移动当前日期。这就立即引发一个问题，那就是什么会导致我们在时间轴上移动？如果我们考虑每个生产活动的工序时间对任务的所需时间的微小影响，那么每个生产活动都会令我们在时间轴上移动。从表面上看，这是一种明显的过度复杂化的情况——使事情明显复杂化，却没有带来任何现实影响。

因此，我们必须决定一个时段来代表系统的最大敏感度。小于这个时段的任何东西，都不应被拿来作为移动当前日期的理由。由于订单上的承诺交货期通常都没有提及特定的时点，因此，就在时间轴上向后移而言，我们应该选择天作为最大敏感度的单位，这似乎是合理的。

在时间轴上的移动，可分三种不同的类别。第一类是鼓，每当我们抵达鼓上的一项生产活动时，都必须把它的日期记下来，这可能跟当前日期不同。

第二类是缓冲，每当我们从订单向下探，或者从资源制约因素完成的生产活动向下探，或者从红色地带的生产活动转到常规的生产活动时，我们都必须提供相应的时间缓冲。

第三类是负荷过高的高峰，夷平高峰可能意味着将相应的生产活动移至较早的日期。要处理这个类别，我们必须定出一个最小的时间单位，因为负荷不是在一个时点定义的，而是在一个时段。再次强调，我们需要一个我们认为重要的时间单位，何不沿用我们已用过的——天？

我们从产品的结构向下探，每次遇到这三个类别之一时，我们都必须记下我们的位置，以便稍后回到该点，但我们不应该继续向下探。随着迁就的程序持续，我们可能不得不记下更多这类提醒，所以何不将它们排列在有序的"提醒清单"中呢？该清单的顶部是最接近当前日期的提醒，而底部是最接近现今的提醒。请记住，我们是在时间轴上向后移，一切都颠倒过来了。

当我们开始时，我们的提醒清单并不是空的，它应包含整个鼓——订单的承诺交货期及资源制约因素方框的结束时间。我们还知道，当迁就程序进行时，由于上述第二及第三个类别，将有更多"提醒"被添加到我们的清单中。

现在，让我们开始迁就程序。让我们从清单顶部的一条提醒开始向下探，顶部的一条提醒，很可能是一张订单，我们应该从订单向下探进它的上游生产活动（我们可能抓到不止一个，因为订单可能涉及一篮子产品）。但首先我们必须减去付货缓冲，这就需要向后移，我们目前无法这样做，因为可能还有其他订单有相同的当前日期。因此，我们需要找出订单上游的生产活动，并在提醒清单上记下来。

每当我们在提醒清单上加上一个新提醒时，它在清单中的位置将基于它被编排的日期。请记住，当前日期之前的任何日期都应改为当前日期，为过去给出指示是没有意义的。因此，在这种情况下，被编排的日期是订单日期减付货缓冲，或者是当前日期，以较迟者为准。现在我们已处理好该订单，我们可以将它从提醒清单中删除，然后转向下一个。

继续执行这些步骤，最终我们在清单上碰上一个生产活动，而不是一张订单，那么我们必须处理生产活动本身了。我们必须计算它代表的工作负荷，并相应地调整执行该生产活动的资源的现有可用产能。

如果额外的负荷超过可用产能，我们就必须把超出的拨入资源的"遗留下来的负荷"条目。由于可用产能已被用光，所有需要使用该资源的其他生产活动都不应被排程至当前日期。这个规则的唯一例外是在当前日期抵达今天时，在这种情况下，所有负荷都被推到第一天去，因为在这里，"遗留下来的负荷"再也没有意义了。

所有这些都不会影响当前日期，因此我们可以继续向下探，把每个遇到的装配工序都记下来，直至遇上以下三种不同的情况之一。

第一种情况大概是最常见的，我们抵达一个物料。在这种情况下，我们将不得不跳回到最接近的较高的装配工序——请记住，在时间轴上的移动还没有发生——并且沿其他路线往下探，如果有的话。如果没有找到装配工序，我们可返回提醒清单。

第二种情况是，在下探中，我们抵达鼓的一个生产活动。我们不理这个生产活动，因为它已得到适当处理，我们只需返回最高的装配工序，如果存在的话，或者返回提醒清单。

第三种情况是，当我们尝试调整相关资源的可得性时，发现它当前的可得性已经是零。在这种情况下，我们必须返回提醒清单，因为处理这个生产活动就意味着回到过去。返回清单上的什么位置呢？这个要由相应资源"遗留下来的负荷"的多少来定。

这项技巧迫使我们像蚱蜢一样从产品结构上的一个位置跳到另一个，但由于所有数据都存储在电脑记忆体中，因此在技术上完全没有问题。整个程序都只用电脑记忆体完成，因为无须为物料的发放或任何其他生产活动存储所编制的排程。

请记住，在这个阶段，我们还不能肯定是否可以找到额外的制约因素，那么我们何必花大量时间将结果记录在磁盘上呢？从定义上来说，额外的制约因素必然导致迁就步骤的修改，因此当前的排程很可能不是最终版本。如果迁就步骤完结时并没有看到冲突，那么我们就再重复一次迁就，然后将所出排程记录在磁盘上。"浪费"一轮迁就，总比"浪费"记录在磁盘上的工夫划算。

我们将继续遵循基本程序，并用前两章所开发的指引来处理特殊情况。相关技术细节读起来十分沉闷，其实也可以在适当的手册中找到，那么我们何须受苦呢？它肯定不会教我们任何新的东西。

系统将继续挺进，直至我们处理完提醒清单，这轮迁就就到此结束了。现在，我们必须查看一下有没有导致任何冲突。

39

找出下一个制约因素并回头

迁就阶段很可能为我们带来一些在第一天就负荷过重的资源。其实这还不是一个足够准确的描述。当仍然存在着一个未知的资源制约因素时，在时间上将高峰向后移不仅会造成第一天就负荷过重，还会造成大量的负荷过重，而不仅仅限于一个资源。并非所有出现高峰的资源都是制约因素。考虑一个资源的产能限制，将减少所有其他资源的负荷。我们应该如何选择下一个制约因素呢？

通过确定产能有多短缺，加诸在公司身上的产能限制的严重性并没有由短缺多少小时充分显示出来。例如，一个资源短缺100小时（累积在第一天的负荷小时减去资源可得性），而另一个资源仅短缺50小时，我们不应匆匆下结论，认为我们的下一个选择就是第一个资源。第一个资源的缓冲可能是200小时，而第二个资源的缓冲仅20小时，在这种情况下，很明显，第二个资源面对更大的限制。

这意味着系统应首先尝试降低负荷，方法是节省转换时间、容许加班、增加半个缓冲、把高峰向前夷平。然而，我们应根据整体运作所经受的限制来看待仍然存在的过重负荷——即根据公司因而蒙受的损失有多大，而不是根据仍短缺多少小时。

表达预期损害的最佳方式——以所出的各洞的预期入侵深度为单位来显示过重负荷（缓冲长度的多少倍）。例如，过重负荷3的意思是，过重负荷将令各洞进入缓冲领地并超出危险极限（请记住，我们已花费了保护的一半）至一个相当于缓冲长度乘3的距离。

由于使用者仍然可以采取行动来降低过重负荷，因此在宣布额外的制约因素之前，应显示一张清单，清单上的所有资源在第一天就出现高峰。系统应根据入侵深度为清单排序，但仍显示过重负荷小时数。

最后这个数据仍然很重要，因为它可以帮助使用者确定是否需要宣布另一个制约因素。请记住，我们并不急于宣布另一个制约因素，因为每增加一个制约因素都意味着需要额外的保护，从而增加库存。另外，如果无论如何我们都将一个资源宣布为制约因素，那么就没有必要降低该资源的第一天过重负荷。

最后这一点可能需要进一步说明。假设资源需要50%的保护性产能，这个保护性产能不是保护资源本身，而是保护挖尽系统的制约因素的可行性。因此，在该资源被确定为制约因素的那一刻，它的所有保护性产能都立刻被开放给挖尽所用。我们付出的代价是需要在系统的其他部分增加保护，但在这边我们已获得了更多的产能。结果，在资源本身被宣布为制约因素的那一刻起，所有通过加班和卸载来增加资源产能的尝试现在都被视为无效，结论是，我们一旦明显地无法消除第一天的高峰，那么把它降低也是没有意义之举。

使用者在这个阶段拥有的主要武器并不是加班，而是将工作量转移到其他资源身上。因此，必须准备好随时根据需求打印一张显示每个资源上可转移的批次的清单。

假设尽管进行了各种努力，但仍然出现了另一个资源制约因素，怎么办？现在，方法已被更好地理解。专注于这个资源，我们应该问自己，如果没有内部限制，这个资源应该干什么？换句话说，让我们为该资源构建"废墟"图。让我们把原有的鼓及付货缓冲长度照搬上去，但当一个资源制约因素提供物料给另一个资源制约因素时，资源缓冲则只取一半（这是既定规则）。我们将计算该新制约因素必须干什么（方框的内容）及在何时干（方框的终结时间），假设资源有无限可得性。

现在，让我们开始考虑该资源的可得性，并检查是否存在冲突。在个阶段，我们必须更加小心，并查看是否跟当前鼓上的指示有冲突。以前我们不必这样做，因为当时不存在冲突的可能性，而鼓也只由订单的承诺交货期构成。但而今情况有点儿不同，当前的鼓包含另一个资源制约因素的指令。

为了显示第一个资源制约因素的方框（旧方框）和第二个资源制约因素的方框（新方框）之间的相互关系，让我们再次用上杆的概念，但在这种情况下，我们需要定义"时间杆"。

如果新方框直接或间接地提供物料给旧方框，那么新方框必须在旧方框的日期之前起码半个缓冲内完成工作。让我们为新方框插上想象中的"时间杆"。这根特定的时间杆的长度是资源缓冲的一半，它对旧方框的日期是有点敏感的。这个日期之于我们的"时间杆"，就犹如一道铜墙铁壁之于一根普通的杆。为准确形容新方框在时间轴上移动的自由度，我们需要在新方框的右侧插上一根时间杆，我们称这些方框为F方框（F代表Forward，意即杆指向时间轴的前方）。

旧方框提供物料给新方框，让我们在旧方框的左侧插上一根时间杆，其他一切保持不变；长度仍然是资源缓冲的一半，旧方框的日期就是铜墙铁壁的日期，我们称这些方框为B方框（B代表Backward，意即杆指向时间轴的后方）。

正如我们所说的，查看新制约因素的可得性，可能发现它与旧资源制约因素日期的冲突，时间杆将有助于澄清这些可能的冲突。

第一个可能的冲突是罕见的。当"旧"资源制约因素有带"杆"的方框时，冲突就有可能发生。提醒一下，当一个方框通过其他生产活动提供物料给另一个由同一制约因素完成的方框时，杆就被插上。试想象一下，一个中期生产活动是由第二个资源制约因素完成的。如果"旧"方框之间没有虚位，那么就没有空间留给"新"方框现在需要的额外缓冲了。换句话说，如果一个新方框向前和向后的时间杆都有，即BF方框，我们就可能与旧鼓发生冲突。

即使有虚位，我们仍然可能遇上麻烦。很明显，在何处放置BF方框，我们的自由度非常有限，而在同一时段还可能有竞争者。因此，当考虑到新资源制约因素能够为此做的事非常有限时，我们推出了一辆改良过的推土机来帮忙。

面对新制约因素的"废墟"，我们改良过的推土机将所有方框抬高，最初只处理BF方框，推土机在夷平BF方框时，可能被时间杆所阻。这个冲突只能以以下两种方式之一来解决，要么将新方框从新资源制约因素卸载，要么将初始的鼓改一改。这项选择不是一个系统的选择，而是使用者个人的选择。

处理完BF方框，推土机就必须夷平F方框，并视众BF方框为一块块不可移动的大石头。在这里，我们可能会发现推土机想将F方框推到当前日期之后，这就明显地违反了现实。再次声明，解决冲突的唯一方法是卸载或改一改初始的鼓。

如果必须改一改初始的鼓，现在就是时候了。所有涉及违反现实的旧方框，现在都将变成B方框，并被插上确保它们会致力于走向未来的时间杆。程序再次开始了，我们不理第二个资源制约因素的存在，它已通过插在旧制约因素方框上的时间杆留下自己的印记。我们重复挖尽、迁就，以及选取新资源制约因素。

我们应该担心我们将永远没完没了地进行这个循环吗？一点儿也不。新制约因素总是在一个方向上对旧制约因素施加限制。整体而言，该程序迫使负荷向未来移动，从而减少在指定范围内发生冲突的可能性。这个迭代程序的本质是，必须汇合，而且相当快。

如果先前的资源制约因素没有违反现实，我们仍然必须面对当前制约因素在可用产能上的违反，以及与市场需求的冲突。因此，系统应为B方框和自由方框重复这个程序。这里不需要查核了，与旧资源制约因素发生冲突是不可能的。红色方框也进行相同的处理。然后，当提醒清单的顶部列出所有制约因素的方框时，迁就就发生了。

系统重复这个程序，直至第一天的所有过重负荷都解决了，所有制约因素都被找出了、挖尽了、迁就了，没有已知的冲突需要留待车间人员来化解了。这样看起来我们真的办到了。

且慢，有多少个制约因素可通过这种方式找出？如果没有记错的话，我们已证明，如果环链有超过一个弱环，那么它将很快就被现实拉得断裂。或者，以一种不太隐喻的方式说，我们不应容许互动的资源制约因素出现。当一个资源制约因素有一根指向另一个资源制约因素的"杆"时，这就清楚表明我们容许了互动的制约因素。我们应该容许吗？

用信息系统来分析一下真实的公司，你就一定会发现，这种情况确实存在于现实中。是的，在所有情况下，准时交货率都非常糟糕，加急似乎是令这些公司仍然运行的方式，但这些公司的确生存下来了。另外，查看导致我们警惕互动制约因素的逻辑，并没有发现任何逻辑上的瑕疵。唯一可能的结论是，我们一定是看漏了某些东西。也许，在现实中，一个资源制约因素提供物料给另一个，这些事例在概念上有异于我们已做过逻辑分析的事例。

怎么会这样？一个资源制约因素提供物料给另一个资源制约因素，而实际上我们只有一个资源制约因素，这种情况可能吗？乍一看，这个问题似乎有点儿荒谬。且慢，也许它是有点道理的。揭示各制约因素时所用的顺序方式，可能为我们提供了一个线索。我们发现的第一个制约因素是市场需求，也许我们应从市场的角度来重新表达这个问题。现在这个问题变成：一个资源制约因素提供物料给另一个资源制约因素，而实际上每个市场制约因素只由一个资源制约因素提供物料，这种情况可能吗？

似乎帮助不大，可是，再想想……假设产品M的市场需求为资源A带来了100%的负荷，为资源B带来了仅70%的负荷，而资源B提供物料给资源A。现在假设产品N的市场需求为资源A带来零负荷，为资源B带来30%的负荷，如果每当资源B告急时，资源B就给予产品M充分优先权（产品M导致下游制约因素），那么我们是否就实际上陷入了互动制约因素局面呢？市场需要产品M，从这个角度看公司，我们就会发觉，就产品M而言，资源A虽然有100%负荷，但资源B才是主力，为产品M提供大量保护性产能。实际上，只要我们遵守上述优先权规则，资源B的30%可得性就是针对那些市场需求的保护性产能。从产品M的市场需求出发，只有一个资源制约因素。

是的，我们可以让一个资源制约因素提供物料给另一资源制约因素，而互动资源制约因素的情况并不出现。我们最初的分析忽略了在两个资源制约因素之间有一个额外的出口通往市场的情况。这种情况不仅存在，而且应该得到鼓励，因为这会导致更好地利用资源的现有投资来增加有效产出。当然，如果不严格遵守上述优先权规则，就非常危险，肯定对公司的客户不利。

有了缓冲管理，我们就有了一个机制来提醒工作站跟踪明显的延迟——在缓冲领地追踪区和加急区中的洞。我们对排程阶段的要求是，在每个插有（指向先前制约因素的）时间杆的方框附近打印一个编号。该编号将标示下游制约因素的相对重要性，换句话说，这个资源制约因素是在哪个循环中找到的。

我们已完成排程阶段了吗？从定义上讲，这是一个荒谬的问题。我们永远不会完成。选项的数量（如资源的组合、返工的循环等）很可能是无限的。我们已完成的可能只是适用于绝大多数公司的通用案例，但总有足够的空间做得更好。

我们现在应该继续开发控制阶段的细节吗？我个人不这样认为。由于排程阶段还没有实施，而缓冲管理还只是靠手动操作，任何想把局部表现衡量自动化的企图都将令公司陷入混乱。最好先等一等，并享受一下从信息系统的第一阶段（排程）的实施中获得的巨大收益。关于我们这项大行动的定性收益（而不仅仅是定量收益）的简要总结肯定已有了，但我们最好将其留给第40章，作为我们的讨论的总结。

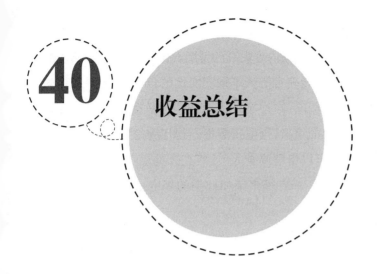

40

收益总结

将排程阶段付诸实施，到底会带来一些什么收益（除了能够最终编制出一份可靠、具有免疫力的排程）？让我们系统地从公司每个管理功能的角度看看。

能够将所有数据存储在电脑记忆体中，从而能够以惊人的速度运算，第一个重要收益是，计算净需求（每台机器必须出多少件货）再也不是几小时的活，而是几秒，这将让我们抛弃目前的做法——相隔很久才出一次净需求让有需要的人看。净需求计算，这个只计算改动的做法将成为过去，当初开发这个笨拙的做法，是为了减少令人吃惊的大量电脑运作时间，在许多环境中，这已导致使用者必须不断地应付物料短缺问题，这也难怪，如果需求的计算是靠报上来的每笔交易来追踪改动，那么，差异几乎是不可避免的，速度不仅意味着我们可以更快取得我们要的东西，还意味着我们摆脱低效和烦琐的程序的能力。

且慢，如果我们以这种方式继续说下去，这个简短的总结将变成一份对当前所有实践的检查，毫无疑问，所需要的时间大概会像我们到目前为止的所有讨论那么长。是的，我们一定会为克服了那么多障碍而自豪，但我们最好还是只出一份精简的收益总结。

在物料管理方面的收益非常明显。这个系统并不逊于我们期待已久的工具（大家以为MRP就是那个工具，其实不是）。而生产经理们所得的收益似乎是一致的。每个在车间待过的人都太清楚要经历多少挣扎才能勉强定出在一台负荷过重、转换时间又特别长的机器上应该用的批量。现在，我们终于找到了一个工具，有助于找出一个动态的（不是静态的）、全面的答案来回应批量问题。这项崭新的能力，配之以能够预测加班需求的"水晶球"，情况就好得令人难以置信，更不用说将这么可靠的工具交到物料经理们的手中，肯定会令生产人员的生活好过得多了。

然而，他们并不是唯一享受到收益的人。如果我没记错的话，这是销售部门第一次能够获得关于订单状况的可靠预警。系统使他们能够与生产经理沟通，不是在互相指责的层面，而是在事实和现实之上的共同语言与术语的层面。

大概获益最大的是程序工程师和品质经理。尽管动态缓冲管理大大减少了订单所需时间和库存，最主要的获益者却在别的部门。对缓冲领地中的洞的跟踪，破天荒地将程序工程师和品质经理的注意力指向必须改善的程序，而不是指向没有足够保护性产能的工作站。品质圈从此可获得关于品质问题的极重要的信息，让大家专注于问题的解决，并确保每当一个问题解决时，整个生产运作都获益。这将确保品质圈不会沦为毫无意义的口水会。

可是，系统对最高管理层最为重要，甚至当中的排程阶段，也是如此。原因是，一方面，我们坚持，构建系统的方式不考虑任何政策制约因素；另一方面，我们确保找出所有实体性制约因素，并化解它们之间的所有冲突。所出排程是恒常有效并具免疫力的，因此每次我们说"排程无法执行"，这个说法唯一的原因是，一个政策制约因素在从中作梗。我们固执地拒绝接受政策制约因素，这恰恰就是我们能够将系统转化为一个有效的工具来找出内部政策制约因素的原因。

　　令人惊讶的是，跟我们从控制阶段得到的收益相比，刚才谈及的所有这些收益都被比下去了，而从控制阶段得到的收益，跟整个系统的主要目的——"要是……会怎样"分析所带来的收益相比，就更显得微不足道了，而这肯定是另一个值得探讨的主题。

　　也许结束这个讨论的最佳方法是提醒自己，我们构建的这个系统，是基于我们对有效产出世界的承认。今天，企业界太沉迷于成本世界了，我们不宜自欺欺人，以为我们的公司文化能够通过一台电脑就改变。

持续学习

亲爱的读者：

看完这本书，您可能有兴趣更深入地了解这本书背后的TOC制约法（Theory Of Constraints），我乐意与您分享这方面的知识，让您继续追寻TOC的奥秘。

两步骤：

步骤（1） 请先扫一扫右边这个二维码，立即跟我在微信上建立联系，交个朋友，方便您随时找我提问此书的事及您对TOC的任何疑难，并且知悉TOC课程等活动的消息。

微信号wlaw1947

然后，步骤（2），请扫一扫下面这个二维码，进入我为大家组建的"TOC知识宝库"，详细看看它不断更新的丰富内容，包括：视频、电脑模拟器、多媒体学习材料、高德拉特大师的中英文版本TOC著作等，加强您对TOC的认识。

https://bit.ly/2Kjb6Bj

通过以上两步骤，TOC的大门将为您打得更开。

谢谢。

本书的中文版获授权制作人、 高德拉特学会 总裁
罗镇坤 谨上